哲罗鲑

ZHELUOGUI TOUWEI MOSHI DE JIANLI JI YINGYONG

投喂模式的建立及应用

王常安 刘红柏 张永泉 ◎主编

黑龙江科学技术出版社
HEILONGJIANG SCIENCE AND TECHNOLOGY PRESS

图书在版编目（CIP）数据

哲罗鲑投喂模式的建立及应用 / 王常安，刘红柏，张永泉主编. -- 哈尔滨 ：黑龙江科学技术出版社，2022.9

ISBN 978-7-5719-1553-7

Ⅰ. ①哲… Ⅱ. ①王… ②刘… ③张… Ⅲ. ①鲑科－鱼类养殖 Ⅳ. ①S965.232

中国版本图书馆 CIP 数据核字(2022)第 152183 号

哲罗鲑投喂模式的建立及应用

ZHELUOGUI GOUWEI MOSHI DE JIANLI JI YINGYONG

王常安　刘红柏　张永泉　主编

责任编辑　焦　琰

出　　版　黑龙江科学技术出版社

地　　址　哈尔滨市南岗区公安街 70-2 号

邮　　编　150007

电　　话　(0451) 53642106

传　　真　(0451) 53642143

网　　址　www.lkcbs.cn

发　　行　全国新华书店

印　　刷　哈尔滨市石桥印务有限公司

开　　本　787 mm × 1092 mm　1/16

印　　张　10.75

字　　数　250 千字

版　　次　2022 年 9 月第 1 版

印　　次　2022 年 9 月第 1 次印刷

书　　号　ISBN 978-7-5719-1553-7

定　　价　65.00 元

《哲罗鲑投喂模式的建立及应用》

编委会

主　编　王常安　刘红柏　张永泉

副主编　韩世成　陆绍霞　刘　洋

参　编　郭文学　佟广香　贾钟贺　白庆利

张　颖　霍堂斌　张玉勇　赵志刚

包玉龙　张庆渔　王连生　李晋南

范　泽　吴　迪　王　荻　赵景壮

罗　亮　杨贵强　李　壮　徐革锋

谷　伟　王维山　赵　成　王媛媛

马　凯　何宝全

主　审　尹家胜　徐奇友

单　位　中国水产科学研究院黑龙江水产研究所

前 言

哲罗鲑是一种大型凶猛性鲑鱼，为珍稀濒危保护物种。由于其摄食习性特殊，缺乏精准的投喂技术，限制了规模化养殖的发展。自 2007 年在中国水产科学研究院黑龙江水产研究所哲罗鲑研究团队的支持与帮助下，在国家现代农业（特色淡水鱼）产业技术体系建设专项基金（CARS-46）、国家公益性行业专项（农业）（201003055）、国家科技支撑计划（2012BAD25B10）、黑龙江省自然科学基金优秀青年项目（YQ2019C036）、中央级科研院所基本科研业务费（HSY201512；HSY202202M）、国家博士后基金（2022MD713817）等资助下，对其投喂模式进行了系统的研究，完成的主体内容于 2015 年形成东北林业大学博士论文。研究成果作为主要内容先后申报并获得了黑龙江省农业科技进步一等奖（哲罗鱼营养需求、投喂策略研究和高效饲料开发，2015 年）、黑龙江省科技进步二等奖（哲罗鱼营养需求、投喂策略研究和高效饲料开发，2016 年）、农业农村部神农中华农业科技一等奖（哲罗鱼全人工繁殖和养殖技术体系构建，2017 年）。同时，结合哲罗鲑研究团队关于饥饿恢复循环投喂、延迟投喂模式等工作，参阅国内外有关文献，编写此书。本书主要包括鱼类投喂模式概述，哲罗鲑的投喂时间、投喂频率、投喂水平、投喂量、生物能量学摄食模型等。内容以研究与实践相结合的形式展开，理论联系实际，以供相关从业人员参阅。

鉴于编者研究内容、掌握的资料和撰写水平有限，书中谬误之处敬请读者批评指正。

2022 年 9 月

目 录

第一章　鱼类投喂模式概述

鱼类只有通过摄食才可以获取营养物质，为机体的生长、发育、存活和繁殖等提供物质基础。自然条件下，鱼类的摄食受食物丰度和食物组成等影响。在人工养护条件下，鱼类的摄食与投喂时间、投喂频率、投喂量等密切相关。合理的投喂模式可提高鱼体的生长、饲料效率、经济效益和减少水体污染。投喂不足时，鱼体生长缓慢；投喂过量时，成本增加，水体污染加剧，进而影响鱼体的生长和健康。因此，摸清鱼类的摄食调控机制，建立合理的投喂模式对鱼类的养护工作具有重要的意义。

1.1 鱼类投喂研究概况

鱼类投喂体系的定义：为鱼类提供营养充足、均衡的饲料以维持正常生长、健康和繁殖的投喂标准和方法，其中包括能量和营养素的需求，饲料（颗粒大小、颜色等）的投喂量、投喂频率和投喂方法（Cho et al., 1992）。

早先，鱼类都是根据以往的经验进行投喂。直到 1952 年，Deuel 等用肉糜建立了鲑鳟鱼在不同水温条件下的投喂表。起初，估测鱼类摄食量的指标是胃排空时间和食物充塞度。后来，开始采用胃排空率、最大摄食量、单次摄食量和胃容量。随后，一些估测鱼类摄食量的方法被陆续报道（Buterbaugh et al., 1967）。崔奕波等（1995）设计不同水温和体重条件下的摄食水平试验，建立了最适摄食水平与体重、水温之间的回归关系，得出不同水温和体重条件下的日投喂量，制定出高首鲟（*Acipenser transmontanus*）投喂表（崔奕波等，1995）。但这些方法均基于体长或体重增长，对饲料消耗量和饲料效率进行预测，而未对鱼体能量进行估测，也没有考虑饲料的营养成分。因此，用这些方法进行投喂会产生一些问题。首先，饲料需要经过水这个媒介，鱼体不能像陆生动物那样随意进行摄食。如果假定所有鱼类均摄食，且用饲料效率计算投喂量和生产力评估会引起明显的误差。用饱食或近饱食的投喂方法则明显带有主观因素，而不是鱼体实际需要的摄食量。有的研究者用水下摄影仪等设备来观测鱼体的饱食程度和残饵，但这些设备价格昂贵，又很难推广应用（Houlihan et al., 2008）。

20 世纪 80 年代，高脂肪鲑鳟鱼饲料的发展使得饲料的能量水平有所提高，相应地，投喂表也进行了调整。鱼类生物能量学模型（Brett et al., 1979）（图 1-1）最早由美国 Wisconsin 大学的 Kitchell 等（1977）提出，其最重要的功能就是以摄食量推测鱼类的生长或根据鱼类的生长预测最适摄食量（Kitchell et al., 1977）。Cho（1992）根据饲料营养成分含量，鱼体消化能、蛋白质和能量沉积率，运用生物能量学模型估测了日投喂量，并以此建立了虹鳟（*Oncorhynchus mykiss*）投喂表，该方法克服了以往经验法的不足之处（Cho et al., 1992）。然而，用生物能量学模型估测摄食量，忽略了一些鱼类的摄食—生长呈减速增加的事实，因此，利用鱼类生物能量学模型确定最适摄食量的方法有待进一步优化（周志刚，2003），而且生物学能量学模型预测需要进行相关的验证。为减少饲料对水体污染，鱼类的氮磷收支研究也比较广泛，以氮磷收支建立的鱼类投喂管理和污染评估动态模型也可显著提高饲料效率（韩冬，2005；孙国祥，2014）。

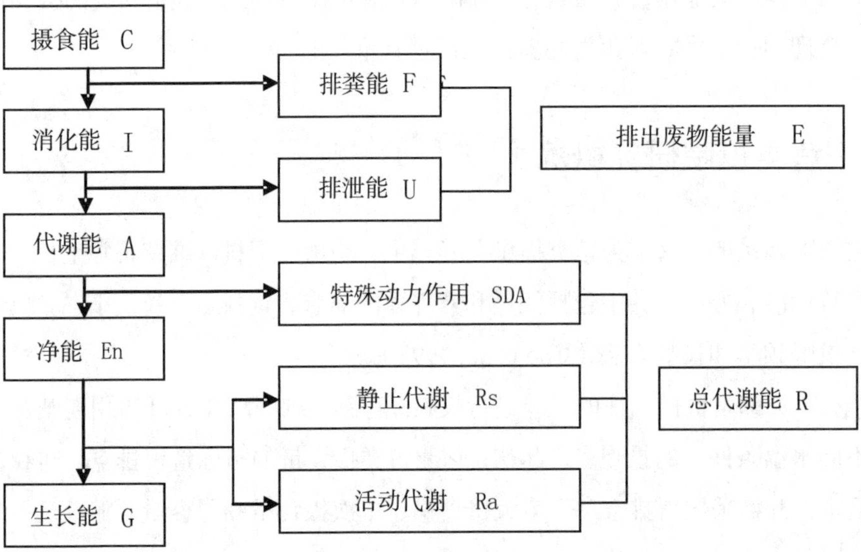

图 1-1　能量流动图（引自 Brett & Groves，1979）

1.2 鱼类摄食的影响因素

鱼类通过摄食器官来觅食、捕食，进而消化和吸收食物。这些过程均受到内外因素的影响（图 1-2）。目前，对鱼类摄食量的估计引入了食物的能量水平，而未考虑其营养水平、不同原料的消化率等因素。此外，必须注意鱼类的摄食行为和社会等级行为。大多数生物因素方面都与食物有关。非生物因素包括水温、溶氧、光照、养殖设施等。水温主要影响鱼体代谢率的变化，因此，非生物因素中水温显著影响鱼类的摄食量。其他因素如溶氧、光照、水流和养殖设施等也间接地影响鱼类的摄食。目前，还没有综合这些因素进行研究和投喂管理。

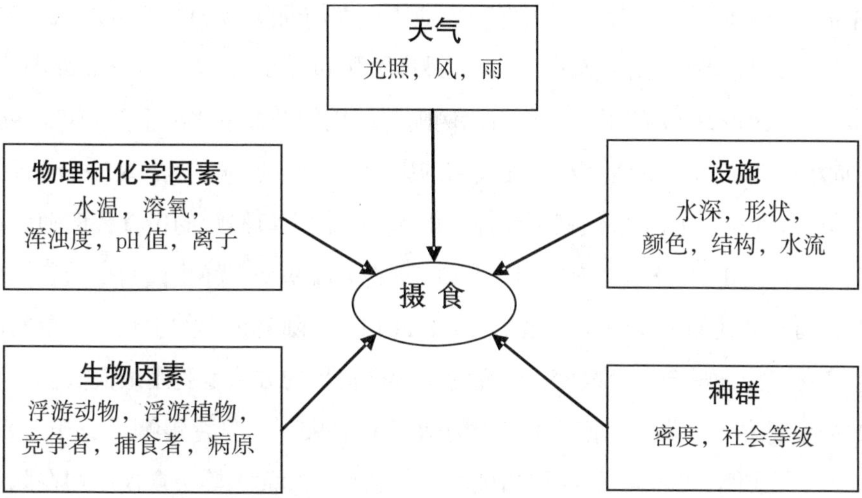

图 1-2　鱼类摄食的影响因素（引自 Patrick & Etienne，2008）

1.2.1 水温

鱼类是变温动物，体温随外界环境的变化而变化（一般与水体温差为 0.5℃）。水温对鱼类生长有重要的影响。水温直接影响鱼体的代谢，进而直接或间接影响鱼类的摄食行为和摄食量。不同水温对鳜鱼（*Siniperca chuatsi*）摄食和生长影响的研究表明，在适温条件下鳜仔鱼的成活率、生长速度与摄食量均明显高于其他水温条件（张晓华等，1999）。在适宜水温范围内，花尾胡椒鲷（*Plectorhynchus cinctus*）鱼体表观消化率随水温的升高而增高（王瑁等，2002）。半滑舌鳎（*Cynoglossus semilaevis*）幼鱼的消化率随水温的升高呈 U 型变化（房景辉，2010），也有学者研究发现大口黑鲈（*Micropterus salmoides*）消化率不受水温的影响（Beamish，1972）。此外，水温的急剧变化可明显影响鱼类的摄食行为，进而使其摄食量降低。

水温在估算能量收支中占有极其重要的地位。鱼类的摄食量一般随着水温的升高达到峰值后开始下降；代谢率却在一定的水温范围内，随着水温的升高而增大，水温继续升高时，代谢率会增至一定的阈值。可能的原因是高温条件下组织具有较高的需氧量，此时摄食量受到抑制，进而限制了呼吸和循环系统输送氧气的能力（Jobling et al., 1997）。鱼类在适温的条件下，生长效果最好，饲料效率最高，生长能占摄食能的比例最大。当水温过高或过低时其生长能比例都会下降。

1.2.2 体重

体重是影响鱼类生长和能量代谢的一个重要因子。当食物充足时，鱼类的生长率一般随体重的增加而减少，食物利用率一般随体重增加而降低（叶富良等，2002）。随着体重的增加，代谢率呈异速增长关系。斜带石斑鱼（*Epinephelus coioides*）和大黄鱼（*Larimichthys crocea*）的生长能所占比例随着体重的增加呈逐渐下降趋势（彭树锋等，2008；周小敏等，2008）。体重对摄食代谢的影响有所不同。南方鲇（*Silurus meridionalis*）（谢小军等，1992）的摄食代谢不受体重的影响，而大口黑鲈的摄食代谢随体重的增加而降低（Luo et al., 2008）。圆口铜鱼（*Coreius guichenoti*）静止代谢率随着体重的增加而降低，而最大代谢率无明显变化（王文，2013）。随着鱼类的生长、体重的增加，代谢发生变化，摄食量会发生改变。研究者预测摄食量的方法是利用最大摄食量与水温和体重的关系建立摄食模型。南方鲇（谢小军等，1992）、异育银鲫（*Carassius auratus gibelio*）（周志刚，2003）、花尾胡椒鲷（王瑁等，2000）等摄食模型均在此基础上建立。然而，影响鱼类摄食和生长的因素较多，建立适宜摄食模型还需引入其他相关因素，才能较为合理地应用于实践。

1.2.3 食物

食物的类型和营养水平对鱼类的摄食具有显著影响。食物丰度小，肉食性鱼类甚至会引起自残。人工养殖条件下、饲料营养水平和物理特性均要满足鱼类的摄食要求。饲料要依据鱼类的营养需求来配制。鱼类发现和摄取饲料的能力会受其物理特性如密度（沉降率）、大小（形状、粒径和长度）、颜色（对比度）和硬度的影响。有的鱼类只在中下层摄食，不摄食漂浮性饲料。饲料的化学性质在很大程度上也影响鱼类的摄食。植物原料中含有的萜烯、多酚、生物碱，以及一系列芳香族化合物和氨基酸衍生物可能会引起饲料适口性改变。如大豆浓缩蛋白替代鱼粉后，大菱鲆（*Scophthalmus maximus*）摄食量和特定生长率均显著下降（刘兴旺等，2014）。

饲料营养水平对鱼类的摄食量影响也较大。研究低蛋白水平下脂肪含量对施氏鲟（*Acipenser schrenckii*）摄食和生长影响的结果表明，脂肪含量为4.63%时摄食量最低，当脂肪含量为5%～8%时，摄食量最大，生长率最高（杜利强等，2007）。饲料营养成分还能影响鱼体的生长激素（Growth hormone，GH）和胰岛素样生长因子（Insulin-like growth factor I，IGF-I）分泌，进而影响其摄食量。

1.2.4 光照

光照显著影响鱼类的摄食行为，但很难量化。主要因为光的属性（光谱、光照强度、光周期的日变化和季节变化）和其他环境因子（如水温变化）或生理因素具有交互作用。鱼类对光的感知取决于对感觉器官（包括视网膜和松果体）的刺激程度。然后，信号反馈于脑-垂体轴，再作用于内分泌和神经系统。光照可促进生长激素、类固醇和甲状腺激素分泌，进而促进摄食（Spieler et al., 1984）。Jørgensen & Jobling（1992）对鲑鳟鱼的研究表明，长时间光照或增加光照时间可促进鱼体摄食行为，而短时间光照或减少光照时间会抑制鱼类摄食行为（Jørgensen et al., 1992），其他一些温水性鱼类也具有同样的效果，但这是否为一般规律还有待证实。不同鱼类对光照强度的喜好程度不同。河鲈（*Perca fluviatilis*）摄食时，其最适的光照强度为 1500 lx，大菱鲆为 860 lx，而大西洋鳕（*Gadus morhua*）能够在低光照强度（0.1 ~ 1.0 lx）下摄食（Huse et al., 1994）。环境的颜色同样影响鱼类的摄食。狼鲈（*Dicentrachus labax*）仔稚鱼对养殖设施所反射出的明亮光线表现出趋光响应（Barnabé et al., 1976）。然而，环境的颜色对有些鱼类没有影响（Cerqueira，1986; Ounais-Guschemann，1989）。一般认为，增加水体的浑浊度可以抑制鱼类的摄食，但有些鱼类如梭鲈（*Stizostedion lucioperca*）在混浊的水中摄食更加旺盛（Mallekh et al., 1998）。此外，研究认为靠视觉（对光线、对比度、色彩的感知）摄食的鱼类对距离较近的食物感知有效，而对于距离较远的食物主要靠化学刺激用嗅觉、味觉等进行感知（Kolkovski et al., 1997）。

1.2.5 溶氧

溶氧直接影响鱼体对营养物质的利用，进而影响生长。目前，有关缺氧条件下鱼类摄食和生长的研究较多，而较少关注高溶氧可能产生的影响。虹鳟在高溶氧（180%氧饱和度）条件下并不具有生长优势（Edsall et al., 1990）。与之相反的是，尼罗罗非鱼（*Oreochromis niloticus*）在高溶氧（200%氧饱和度）时，其摄食量和生长明显降低（Totland et al., 1987）。低溶氧条件下，鱼类的摄食和生长往往受到抑制。鱼类在低溶氧的条件下，通过自身的生理变化进行调节适应，如血红蛋白含量增加，鳃表面积扩大，或用膀胱、口腔、胃或肠进行呼吸。有些鱼类很少或不能呼吸空气，可能会游到水体表面进行呼吸（Saint-Paul et al., 1987）。除了极端缺氧条件外，一般情况下，缺氧很少会导致鱼类停止摄食。当溶氧恢复到正常水平时，鱼类可逐渐恢复正常的摄食状态，但这主要取决于种类、发育阶段、驯化程度和食物的质量等。

1.2.6 氨氮

氨氮虽然影响鱼类的摄食，但是关于这方面的研究报道较少。氨氮在高浓度时对动物有致死作用，即使在低于致死浓度的条件下也对鱼体生理功能有显著影响（Cheng et al., 1998）。鱼类长期暴露于一定浓度的氨氮水体中，可使鱼体的生长受阻、免疫力下降，对病原菌的敏感性升高，死亡率增加（Remen et al., 2008）。另外，氨氮胁迫在减缓鱼类生长的同时，还使饲料效率降低（Foss et al., 2003）。

1.2.7 盐度

通常情况下，鱼类在最适盐度的范围内其摄食量和生长达最大值，而有些鱼类的摄食量和生长随着盐度的增加而增加，如草鱼（*Ctenopharyngodon idella*）（Houlihan et al., 2008）。对洄游性鲑鳟鱼类的研究表明，不同结果各有差异，盐度对摄食有或无促进作用。在冬季，如果鲑鳟鱼洄游至海水中，摄食量减少，生长缓慢。与此相反，在夏季洄游至海水中只发生较小的变化（Houlihan et al., 2008）。因此，鲑鳟鱼类对盐度的渗透压调节能力具有季节变化。

1.2.8 其他环境因子

此外，环境胁迫会改变鱼类的代谢水平，大量的能量被消耗，能量分配从而受到影响（Koo et al., 2005）。水流波动和流速也可影响鱼类的摄食（Juell, 1995; Russell, 1999）。例如，饲养于网箱中的虹鳟在水流波动的频率大于 0.28 Hz 时停止摄食（Srivastava et al., 1991）。有毒有害物质也会抑制鱼类的摄食和生长。鱼类对 pH 有一定的适应过程，但 pH 急剧地增加或降低，鱼类的摄食同样会受到抑制。如果把虹鳟直接放入 pH 为 9.5 的水中 6 h 时，其会大量死亡，然而，在 2 d 内逐渐将 pH 提高至 9.8，虹鳟也能适应（Murray et al., 1984）。

1.2.9 生物因素

鱼类的摄食主要受食物丰度和食物在时间和空间分布的影响，也受相关的生物因素影响，如捕食竞争、社会行为和人为干扰等。

1.2.9.1 密度

鱼类在高密度条件下常会产生应激反应，进而抑制摄食和生长等一系列生理过程。然而，一些研究发现，鱼类在高密度条件下成活率增加，个体生长均匀，如北极红点鲑

（*Salvelinus leucomaenis*）（Jørgensen et al., 1993）、非洲巨鲶（*Heterobranchus longifilis*）（Baras et al., 1998）。迄今为止，关于密度对鱼类的摄食和生长的研究很少，但高密度条件下获得较好的生长性能可能不仅仅是摄食量增加的结果。密度增加到一定的阈值，可能会降低个体间的竞争作用。高密度条件下，鱼类摄食竞争频率减少，光线降低，水流降低，利于集群（Baras et al., 1998）。

1.2.9.2 社会行为

鱼类的社会环境不仅受到密度大小影响，而且还受个体大小和性别比例的影响。在食物有限的条件下，鱼类摄食的竞争作用尤为明显。食物通常被优势个体摄取。动物在固定投喂量的情况下，较大的个体最先获得食物，下一次摄食时抢食行为会滞后，而鱼类的摄食却非如此。研究表明，较早抢食的大西洋鲑（*Salmo salar*）幼鱼摄食量大，且每次摄食时都会首先抢食（Kadri et al., 1997）。

1.2.9.3 人为干扰

鱼类的摄食行为可能受到日常管理的影响，如养殖设施清洗、疾病预防和治疗、饲料投喂等。运输对鱼体引起的应激反应会导致摄食量的降低，且持续几小时或几天。外界环境的噪音也会惊扰鱼类的摄食。人为干扰对奥利亚罗非鱼（*Oreochromisco aureus*）等影响不大，其自身可调节摄食行为（Baras et al., 1996）。有些人为干扰可能对鱼类的摄食具有积极的作用。在虹鳟的养殖过程中发现，离操作人员比较近的鱼其摄食量要大于距离较远的个体。

1.3 鱼类摄食的感觉机能

鱼类的摄食是通过视觉、嗅觉和/或味觉进行感知的。研究并筛选促摄食物质来刺激这些感觉细胞或器官以获得良好的促摄食效果。在配合饲料中添加一定量的诱食剂，特别对于仔稚鱼来说，非常有效。

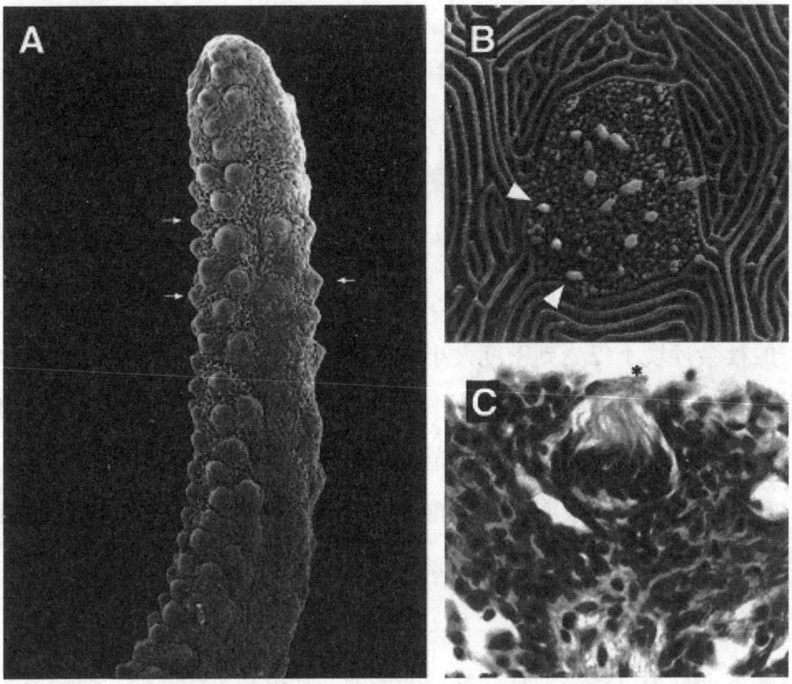

图 1-3　硬骨鱼类表皮味蕾（引自 Lamb，2008）

A.斑点叉尾鮰（*Ictalurus punctatus*）上颌触须味蕾扫描电镜观察（触须约 250 μm 宽）；B.非洲鲤（*Phreathichthys andruzzi*）面部上皮味蕾长短微绒毛扫描电镜观察（孔径为 5 μm × 7 μm）;C.金鱼（*Carassius auratus*）咽部味蕾光镜观察

鱼类摄食感觉系统主要包括味觉、嗅觉、共同化学感觉，单个化学感受器细胞。此外，侧线的机械感觉在鱼类的摄食中也具有重要作用。鱼类摄食感觉系统可能也受水中化学物质的刺激，因此，区分各自的角色较为困难。现有研究表明，嗅觉和单个化学感受器细胞可能对鱼类的社会行为尤为重要。关于共同化学感觉的资料甚少，其可能通过三叉神经或脊神经的神经末梢来感受化学物质的刺激，起着避免化学物质刺激的作用。味觉系统可能也参与摄食行为，但主要是对食物和潜在的有毒或有害物质起到排斥反应的作用（Houlihan et al., 2008）。

味觉通过上皮受体细胞感受信号，然后经面神经、舌咽神经和迷走神经传导到中枢神经系统。很多硬骨鱼的味觉系统高度发达。目前，研究较多的是鲶科和鲤科鱼类（Houlihan et al., 2008），已从组织形态、生化、生理和摄食行为等方面证明了鱼类味觉对摄食的选择性作用。对半滑舌鳎的摄食机理研究表明，其主要依靠侧线摄食，嗅觉起辅助作用，视觉在捕食中的作用不大，口咽腔味蕾对饲料的识别或吞咽具有重要作用（马爱军等，2009）。人工养殖条件下，鱼类对饲料的喜好性主要靠味觉的识别。

味蕾一般分布于鱼类皮肤的表面（Houlihan et al., 2008）（图 1-3）。味蕾有几种不同的细胞类型，其细胞学特征有所不同（Reutter，1977; Jakubowski et al., 1990）。味蕾大部分细胞是细长细胞且垂直于上皮表面，顶端有微绒毛。根据电子的不透明度，通常分为两类细胞：光细胞和暗细胞。有些鱼类的早期发育阶段其味蕾发育尚不完善，细胞分化不明显，未能对外界物质起到感知的作用。随着鱼类的生长发育，味蕾逐渐发育完善，数量也逐渐增多，进而起到感知食物的作用。

1.4 鱼类摄食的调控机制

目前，鱼类的摄食调控机制尚未明确。主要因为鱼类的摄食调控非常复杂，不仅与其本身的遗传背景有关，还随季节、年龄、食物丰度、食物类型等发生变化（Murashita et al., 2008）。鱼类摄食调控机制主要利用哺乳动物的数据来推测其可能的作用机制，涉及中枢神经系统调控、外周神经系统调控，且受胃肠道和水环境的影响（图 1-4）（Kulczykowska et al., 2010）。下丘脑是中央调控区域，负责接收、集成并发送相关的内部和外部信号分子。神经内分泌分子从下丘脑发出信号后促进或抑制鱼类的摄食。鱼类摄食调节系统受环境的影响，但无论在自然条件下，还是养殖条件下，鱼类的摄食调节机制一致，摄食规律相似（Kulczykowska et al., 2010）。

中枢调控系统主要信号分子是神经肽和多巴胺，外周调控系统主要涉及一些胃肠肽和激素。促摄食的内分泌因子主要有脑肠肽（Ghrelin）、神经肽 Y（Neuropeptide Y, NPY），食欲肽（Orexin）、甘丙肽（Galanin）、刺鼠肽基因相关蛋白（AgRP）、生长激素等。大鳞鲑（*Oncorhynchus tshawytscha*）饥饿一段时间后，下丘脑视前区 NPY mRNA 表达量升高（Silverstein et al., 1998）。同样，饥饿会导致金鱼脑部 NPY mRNA 表达量升高（Narnaware et al., 2000），恢复摄食后，脑部 NPY mRNA 表达量恢复至原来水平（Narnaware et al., 2001）。食物的营养水平（例如高碳水化合物，高脂肪饲料）同样会影响脑部 NPY mRNA 表达量。因此，NPY 不仅影响鱼类的摄食量，同时对常量营养素的选择具有调节作用。然而，目前还未查明鱼类对食物的选择机制。斑马鱼（*Danio rerio*）长期饥饿时，脑食欲肽 mRNA 表达量一直上升（Novak et al., 2005）。促进食欲肽分泌的轴突与 NPY 分泌细胞协同对鱼类的摄食进行调节。脑肠肽和甘丙肽同样也在脑部通过 mRNA 表达量水平调控金鱼的摄食（Unniappan et al., 2004; Unniappan et al., 2005）。生长激素主要通过刺激摄食行为提高食欲和饲料效率来促进鱼类的生长（Peter et al., 1995）。

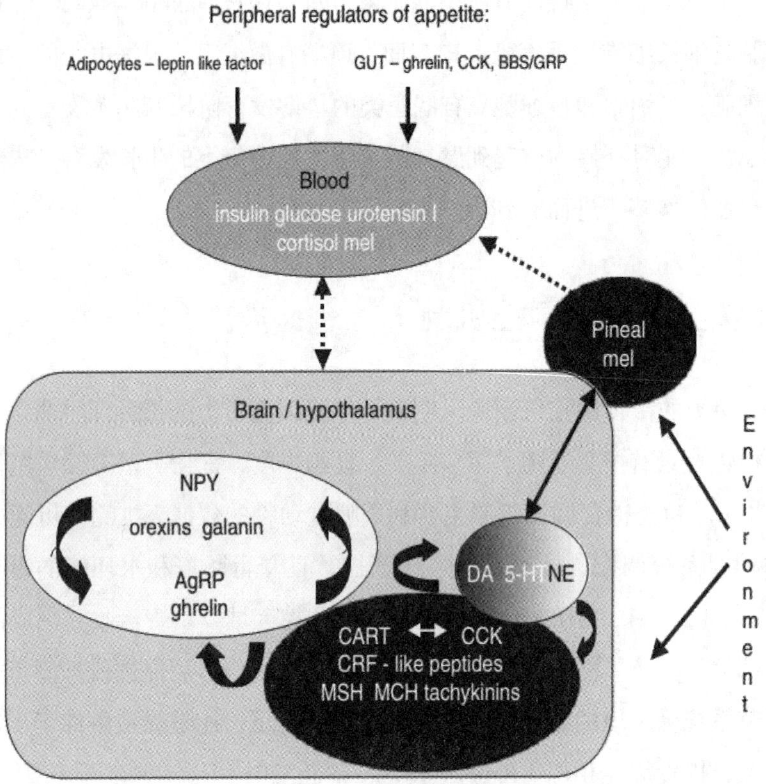

图 1-4　鱼类的摄食调控（引自 Kulczykowska & Sánchez Vázquez，2010）

鱼类脑部促进食欲调控因子：NE（去甲肾上腺素），NPY（神经肽 Y），Orexins（食欲肽），Galanin（甘丙肽），AgRP（刺鼠肽基因相关蛋白）和 Ghrelin（脑肠肽）；
抑制食欲调控因子：CCK（胆囊收缩素）/Gastrin（胃泌素），CART（可卡因和安非他明调节转录产物），MCH（黑色素沉积激素），MSH（黑色素刺激激素），Tachykinins（速激肽），Mel（褪黑激素），DA（多巴胺）和 5-HT（5-羟色胺）；
箭头表示调控因子、环境以及外周调控系统间的相互作用。虚线表示通过循环系统相互作用

抑制鱼类摄食的内分泌因子主要有胆囊收缩素（Cholecystokinin，CCK）、胃泌素（Gastrin）、可卡因和安非他明调节转录产物（Cocaine and amphetamine-regulated transcript，CART）、瘦素（Leptin）、促肾上腺皮质激素释放因子（Corticotropinreleasing factor，CRF）、蛙皮素（Bombesin，BBS 或 Gastric-releasing peptide，GRP）、黑色素沉积激素（Melanocyte-stimulating hormone，MCH）、尾加压素（Urotensin，UI）、α-黑色素刺激激素（α-melanocyte-stimulating hormone，α-MSH）等。CCK 和 CART 可以协同调节鱼类的摄食，对 NPY 和食欲肽起调节作用（Volkoff et al., 2005）。近年来，瘦素在许多鱼类中均被发现，可能是一个重要的食欲调节因子（De Pedro et al., 2006）。瘦素对摄食量的调节可能需要信号分子来介导（有些通过 CCK 介导）（Volkoff et al.,

2005）。对金鱼的研究发现，α-MSH 主要调节脑部 MCH 水平，且该作用随着食欲肽、NPY 和脑肠肽水平的上升而下降（Shimakura et al., 2008）。鱼类在环境和生理应激状态下，CRF 和 UI 通过下丘脑-垂体-肾上腺轴降低食欲。此外，多巴胺、去甲肾上腺素、5-羟色胺（Serotonin，5-HT）等对鱼类的摄食行为起调节作用。在虹鳟的研究中发现，5-HT 和芬氟拉明也可抑制其摄食（Ruibal et al., 2002）。5-HT 抑制摄食行为是独立起作用或者可能靠 CRF 来介导（De Pedro et al., 1998）。

鱼类的摄食调控受多方面因素影响，其调控机制尚未明确，这导致很多投喂问题不能合理解决。鱼类摄食机制的阐释有助于进行精准的投喂管理，提高饲料效率。

1.5 摄食节律

摄食节律是指鱼类在长期的进化过程中，对水温、光照、食物等周期性变化而形成一定的摄食活动规律（刘姚，2011）。摄食节律分为年摄食节律、潮汐摄食节律和日摄食节律。一般情况下，摄食节律特指日摄食节律。将日摄食节律进一步划分为：日间摄食、夜间摄食、晨昏摄食及无摄食节律（Helfman，1986）。鱼类的摄食节律常发生波动，主要影响因素有：①非生物因素，如光照，水温和溶氧；②生物因素，如食物丰度；③内源性影响，如生物钟的变化（Daan et al., 1981）。

近几十年来，研究者对鱼类的摄食节律行为做了大量的研究，阐释了摄食节律的有关发生机制（Boujard et al., 2000）。从应用的角度来说，最为有效的研究是鱼类的生长与摄食节律是否有关。摸清鱼类的摄食节律可明显提高食物利用率（Marinho et al., 2014）。鱼类的摄食节律也可能发生改变，相应地，投喂时间需要做出调整。例如，有的鱼类由日间摄食转为夜间摄食。一般情况下，狼鲈在日间摄食，而在冬季，狼鲈在夜间摄食的生长速度快于日间摄食的个体（Azzaydi et al., 2000）。目前研究鱼类摄食节律的方法主要有：①日摄食量法：通过计算每天不同时间，个体的摄食量来确定鱼类的周期性摄食规律；②肠道充塞度法：以鱼类肠道充塞度为参数来衡量鱼类的周期性摄食规律；③活动监测法：通过自动监测仪等设备来自动记录鱼类的摄食活动，从而确定鱼类的摄食节律（韩东，2005）。从已有的研究结果来看，关于鱼类摄食节律的研究多侧重于识别和了解内源性生物节律以及其影响因子，今后需要重点研究生物节律的季节变化以及生物节律对鱼类营养需求的影响。

1.6 摄食频率

摄食频率是指在特定的时间内鱼类进行摄食的次数。一般认为，摄食频率的增加有助于增加鱼类摄取食物的概率，进而减少摄食等级化差异。对俄罗斯鲟（*Acipenser gueldenstaedt*）幼鱼的研究发现，加大投喂频率可以提高鱼体的生长速度和饲料效率，其原因主要是由于消化道消化酶活力提高，降低了蛋白质用于能量代谢的比例（崔超等，2014）。投喂频率增加后，大眼梭鲈（*Stizostedion vitreum*）的耗氧率和排氨率下降，减少了对水体的排氨量。不同投喂频率下，大菱鲆增重率和饲料效率呈先升高后降低的趋势，在 2 次/d 时达最大值（李滑滑等，2013）。

饱食的投喂频率增加后，鱼体的摄食量通常表现出三种趋势：①投喂频率增加到一定程度后摄食量保持不变，例如虹鳟（Grayton et al., 1977）；②投喂频率增加后摄食量也随之增加，例如黑线鳕（*Melanogrammus aeglefinus*）（Kaushik et al., 2000）；③投喂频率增加到一定程度后摄食量有所下降，但无显著差异，例如鲤（*Cyprinus carpio*）（Charles et al., 1984）。投喂频率对鱼类生长和饲料效率影响的趋势与摄食量大致相似。如，投喂频率对军曹鱼（*Rachycentron canadum*）的生长性能和摄食量无显著影响（Costa-Bomfim et al., 2014）。此外，投喂频率对鱼类的繁殖性能影响较小，如斑马鱼（Lawrence et al., 2012）。

限食的投喂频率对鱼类的生长和食物利用率无明显影响。如，虹鳟在固定日摄食量的前提下，投喂频率为 1 次/d 和 2 次/d 时对虹鳟的生长和饲料效率无显著影响（Zoccarato et al., 1984）。然而，投喂频率对有些鱼类的饲料效率有显著影响。胡子鲶（*Clarias fuscus*）以体重 3%的摄食率进行投喂，投喂频率增加时，生长速度明显加快，这可能与消化率的提高有关（Buurma et al., 1994）。投喂频率增加可提高赤点石斑鱼的（*Epinephelus akaara*）生长率、饲料效率和存活率（Kayano et al., 1993）。随着投喂频率增加，高首鲟的特定生长率、饲料效率、能量转化率、鱼体干物质、粗肪脂含量均呈显著增加的趋势（Cui et al., 1997）。

鱼类的最适摄食频率也受水温和体重的影响（Kaushik et al., 2000）。食物的营养水平也影响鱼类的最适摄食频率（Ruohonen et al., 1998）。牙鲆的最适投喂频率为 2 ~ 3 次/d，用高能饲料投喂时，其最适投喂频率为 2 次/d，用低能饲料投喂时，则最适投喂频率为 3 次/d（Lee et al., 2000）。在异育银鲫日摄食量固定时，当投喂频率由 2 次/d 增至 4 次/d 时，鱼体对高脂饲料的利用率有所降低，而对高糖饲料利用率无显著影响（何吉祥等，2014）。

1.7 摄食水平

摄食水平是影响鱼类生长的重要因子。目前，已经确定了黄尾鲽（*Limanda ferruginea*）、中华长吻鮠（*Leiocassis longirostris*）、尖吻鲷（*Diplodus puntazzo*）（Rondan et al., 2004）、大鳞鲑（*Oncorhynchus tshawytscha*）（Kiessling et al., 2005）、尼罗罗非鱼（*Oreochromis niloticus*）（El-Saidy et al., 2005）、虹鳟（*Oncorhynchus mykiss*）（Bureau et al., 2006）、黄颡鱼（*Pelteobagrus fulvidraco*）（张磊，2010）、牙鲆（*Paralichthys olivaceus*）（Okorie et al., 2013）等最适的摄食水平。由于摄食水平受饲料、体重、水温等多方面因素的影响，因此，这些结果仅在特定条件下适用。

目前普遍认为摄食水平与鱼类的生长间存在显著的曲线关系，且主要有两种模型：一类是减速增长曲线上升关系（Pronin，2006）；另一类则是简单的线性关系（朱晓鸣等，2000）。摄食水平超过最适摄食水平时，生长均趋于平稳或开始下降。黄颡鱼摄食水平在最大摄食量的 50%～70%时，生长与摄食量呈显著的正相关关系，当摄食水平超过 70%时，生长速度并未明显加快（张磊，2010）。摄食水平对消化率的影响有三种：①摄食水平增加时，消化率降低（刘家寿，1998）；②摄食水平不影响消化率（孙耀等，2001）；③摄食水平增加，消化率也增加（朱晓鸣等，2000）。摄食水平显著影响鱼类的能量分配。如，黑鲳（*Gymnocorymbus ternetzi*）的能量收支因摄食水平变化而明显改变，代谢能和排泄能随摄食水平增大呈 U 型变化趋势，而生长能表现出相反趋势（Deng et al., 2009）。此外，摄食水平还影响鱼体的免疫力。高首鲟仔鱼摄食率为体重的 5%时，肝脏的 Hsp60 和 Hsp70 水平显著降低（Deng et al., 2009）。

1.8 鲑鳟鱼投喂技术

鲑鳟鱼的投喂技术相对其他鱼类来说较为先进一些，但在养殖的过程中往往不注意环境因素、体重变化和饲料特性，忽视摄食节律，任意地增减投喂频率，且投喂水平不当，导致大量尚未被消化、吸收的营养物质作为粪便排出。对于流水养殖的鱼类来说，饲料中 85%的磷和 52%～95%的氮以残饵和排泄物（粪便、呼吸作用）等形式排放到水体中。因此，近几十年中，以提高原料消化率为主的配方优化技术，改变原料物理特性的膨化加工工艺和精准投喂技术，使得饲料效率显著提高（Bureau et al., 2010）。国外已经建立了鲑鳟鱼投喂表，但我国在这方面开展的工作不多，对土著性鲑鳟鱼的投喂管理方面关注较多是仔稚鱼的阶段。这期间投喂的关键技术是把摄食活饵的鱼苗进行驯化，使其转食人工配合饲料（仔鱼孵出后以吸收内源性营养为主，在卵黄囊消失后过渡到混合营养期，而后进入外源性营养期，开始摄食浮游生物）。混合营养期仔鱼开口摄食时，首先要投喂活饵如水蚤、水蚯蚓等，当发育到一定的阶段后驯化转食人工配合饲料。

1.8.1 投喂时间

投喂时间应建立在鱼类摄食节律的基础上，选择摄食的高峰时间段，而避开摄食低谷时间段。对于苗种培育来说，掌握鱼类的摄食节律，确定最适的投喂时间，可以减少水体污染，提高苗种成活率。对网箱养殖的大西洋鲑的研究表明，基于摄食节律的投喂模式，鱼体摄食旺盛，饲料效率较高。鲑鳟鱼摄食旺盛的时间段一般出现在清晨和黄昏，投喂时间最好依此设定（Kadri et al., 1997）。

1.8.2 投喂频率

鲑鳟鱼投喂频率相对较低，投喂频率一般为 2 次/d 时，基本满足生长需要，但仔稚鱼需要较高的投喂频率，尤其在早期驯化阶段时投喂频率达 8 ~ 10 次/d。最适投喂频率反映了鱼体对能量的需求状况和饲料通过胃肠道的速度。最适投喂频率由水温和体重来确定，从这点来说，小鱼在最适水温时，投喂频率最高。

1.8.3 投喂量

对于某种鱼类来说，适宜的投喂量主要由水温和体重决定，根据这两个因素和已知的饲料系数，可对鲑鳟鱼进行合理的投喂。小鱼具有较高的代谢水平，饲料营养水平较高、投喂量大。对于仔稚鱼来说，投喂量的多少尤为重要，投喂过多时，影响鳃的呼吸，进而容易引起细菌感染。鱼类的体温和代谢率随着水温的变化而改变，因此，当水温较高时，需要加大饲料投喂量。低温时，鲑鳟鱼摄食、消化功能受到抑制，鱼体仅需要维持正常代谢的食物量。过多的投喂只能增加饲料的消耗。水温较高时，鲑鳟鱼消化系统不能充分利用营养物质。在适宜水温范围内，可根据已建立的投喂表对鲑鳟鱼进行投喂，以获得较好的生长效果和经济效益。

投喂表要根据具体环境进行调整。大多数情况下，对鱼体的投喂量要少于鱼体摄食量。过多的投喂只能降低饲料效率，不会提高鱼体生长性能。此外，要根据鱼的数量和体重进行投喂。水温大于 13℃时，投喂量每月至少要调整 1 次。水温较低时，每 1 ~ 2 月调整 1 次。养殖人员多根据以往的生长记录预测生长率，避免过多的饲料投喂。一旦饲料沉底，鲑鳟鱼很少会摄食，所以投喂后还要及时清除残饵。

1.8.4 投喂方式

鲑鳟鱼的投喂方式主要有手工、机械式投饵机和自饲式投饵机三种。手工投料，优点是可以观察鱼类的活动状态，缺点是劳动强度大，劳动力成本高，而且必须要对管理人员进行各方面的培训。对于鱼苗来说，投喂频率较大，因此，最好采用机械式投饵机进行投喂。当鱼苗转入鱼池以后，可以用自饲式投饵机来投喂。自饲式投饵机的优点是可以减少劳动力，鱼可以根据自身的需要去摄食，且投喂可以全天进行，但自饲式投饵机的缺点主要是有一部分饲料浪费的问题。

1.9 哲罗鲑生物学特征及研究进展

1.9.1 分类地位及地理分布

哲罗鲑（*Hucho taimen*）属鱼纲，鲑形目，鲑科，哲罗鲑属，又称哲罗鱼、哲绿鱼、大红鱼等。哲罗鲑为淡水冷水性大型鱼类，名列“三花五罗”之首，一般个体长 50 ~ 100 cm，最大个体达 210 cm，重 105 kg（张觉民等，1995）。哲罗鲑属全世界现有 5 种，即太门哲罗鲑（*Hucho taimen*）、多瑙河哲罗鲑（*Hucho huchen*）、远东哲罗鲑（*Hucho perryi*）、川陕哲罗鲑（*Hucho breeker*）、石川哲罗鲑（*Hucho ishikawai*），大部分分布于亚洲北部和欧洲的多瑙河流域（董崇智等，1998）。太门哲罗鲑主要分布于欧洲和亚洲，包括里海、蒙古、俄罗斯（伏尔加河、乌拉尔河、伯朝拉河、叶尼塞河及勒拿河）和中国的部分地区。20 世纪 50 ~ 60 年代，太门哲罗鲑在牡丹江，松花江，乌苏里江，黑龙江，额尔齐斯河水系的哈纳斯湖、哈巴河、布尔津河、喀拉额尔齐斯河分布广泛。然而，环境的变化和过度捕捞等原因造成资源量显著下降。此外，由于性成熟晚、个体产卵量小、个体大的生物学特性，种群恢复能力较差，分布区域也日趋缩小（Kuang et al., 2009），已被我国列为濒危物种（乐佩琦等，1998），且濒危等级逐渐上升，从 1998 年的第三级上升到 2006 年的第五级，已达到极度濒危的状况（Pronin，2006）。目前 IUCN 濒危物种红色名录将其濒危等级列为易危。

1.9.2 生活习性

哲罗鲑为淡水冷水性凶猛肉食性鱼类，栖息于水质清澈，水温最高不超过 20℃的水域中。全年大部分时间栖息于湍急的溪流中，秋末冬季在结冰前逐渐向较深的水域游动越冬且冬季仍摄食，春季向溪流游动。夏季多生活在山林区支流中。夏季水温升高或繁殖期摄食减弱，甚至停食。亲鱼 4 ~ 5 龄性成熟，一般繁殖季节在 5 ~ 6 月，具有埋卵和护巢的习性。一年可多次繁殖，怀卵量在 0.4 万 ~ 3.4 万粒。太门哲罗鲑受精卵呈浅黄色，圆形，无黏性，沉性卵，卵径为 3.5 ~ 4.5 mm（王凤等，2009; 薛镇宇等，2005）。繁殖方式都属于水底部产卵型。主要摄食瓦氏雅罗鱼（*Leuciscus waleckii*）、乌苏里白鲑（*Coregonus ussuriensis*）、红鳍鲌（*Culter erthropterus*）、鲴（*Xenocypris microlepis*）、鳡（*Elopichthys bambusa*）、狗鱼（*Esox reicherti*）、黄颡鱼等鱼类。有时摄食啮齿类、水鸟、蛇、蛙类等。稚鱼捕食无脊椎动物为主（乐佩琦等，1998）。

1.9.3 哲罗鲑研究概况

对哲罗鲑的研究已有 100 多年的历史，主要集中在种质资源、生态学等方面。1988 年，Holcik 等论述了多瑙河哲罗鲑的形态、生长和分布（Holčík et al., 1988）。1994 年，Fukushima 研究了远东哲罗鲑的生态习性（Fukushima，1994）。1998 年，Matveyev 等研究了贝加尔湖哲罗鲑的资源状况（Matveyev et al., 1998）。2000 年，Золотухин & Семнченко 研究了远东哲罗鲑的资源和分布（Золотухин et al., 2000）。我国学者于 2002 年以后开始对哲罗鲑的资源进行调查（任慕莲等，2002），对其分布（洪兴，2003）、年龄、生长、种群结构和渔业生物学特征（尹家胜等，2003; 姜作发等，2004; 崔喜顺等，2004）等方面进行广泛研究。

为了保护和开发利用哲罗鲑，其繁殖和养殖方面有较多报道。1978 年，Jungwirth 研究了多瑙河哲罗鲑的生长和繁殖（Jungwirth，1978）。2003 年，徐伟等捕获自然条件下的哲罗鲑，在池塘中培育，使其性成熟，然后成功地进行了人工繁殖（徐伟等，2003）。徐奇友等（2007）对哲罗鲑的蛋白质和脂肪需求量进行研究发现，当饲料的脂肪水平为 10%时，其蛋白质需求量为 50%，当饲料的脂肪水平为 15%和 20%时，其蛋白质需求量为 42%（徐奇友等，2007）。哲罗鲑对植物性脂肪源的利用较好。王炳谦等（2007）研究结果显示，哲罗鲑饲料脂肪源可用豆油代替鱼油，且对生长和营养成分影响较小（王炳谦等，2007）。此外，哲罗鲑繁殖和养殖等其他基础研究也有较多报道（关海红等，2007）。这些为哲罗鲑的保护和开发利用提供了有力的支撑。

哲罗鲑作为我国土著鲑科名优鱼类的代表种，至今未被系统研究摄食机理和投喂模式，而这些方面与渔业资源管理、养殖开发利用密切相关。而且，哲罗鲑摄食的研究与应用仍停留在初级水平上即仅靠经验判断及简单的现场试验，因此，其摄食机理及投喂模式的研究显得非常必要而且紧迫。

第二章 哲罗鲑不可逆生长点的确定

Hjort 于 1914 年创立了著名的临界期假设，确立了鱼类早期生活史阶段的初次摄食期，并认为此时期是一个可能引起仔鱼大量死亡的危险阶段，饥饿被认为是初次摄食期仔鱼死亡的主要原因之一（殷名称，1996）。Blaxex 和 Hempel（Blaxter et al., 1963）于 1963 年首先提出仔鱼初次摄食饥饿“不可逆点”PNR），即初次摄食期仔鱼耐受饥饿的时间临界点，仔鱼饥饿到该点时，尽管还可存活一段时间，但 50%的个体已体质虚弱，不可能再恢复摄食能力。殷名称指出采用饥饿研究的方法，可以确定仔鱼的初次摄食期和 PNR，这对于鱼类苗种培育和人工养殖具有十分重要的意义（殷名称，1991），我国关于淡水鱼类饥饿和 PNR 的研究报道不多（凌去非等，2003; 鲍宝龙等，1998; 宋兵等，2004），哲罗鲑的有关研究未见报道。本章探讨了饥饿对哲罗鲑仔鱼期生长、形态与摄食行为的影响，确定了哲罗鲑 PNR 和初次摄食最佳投喂时间，旨在为哲罗鲑人工繁殖以及初次摄食期仔鱼人工驯化提供相应的理论依据，丰富鱼类早期生活史的研究。

2.1 试验材料

试验于 2006 年 5 月在黑龙江省宁安市中国水产科学研究院黑龙江水产研究所渤海冷水性鱼类试验站进行。试验用鱼为该试验站通过人工产卵、孵化获得的刚破膜哲罗鲑仔鱼。

2.2 方法

2.2.1 哲罗鲑饥饿试验

哲罗鲑仔鱼破膜后取 2300 尾仔鱼放入体积 60 L 的玻璃缸中进行试验，水温维持 10～12℃之间，用氧气泵微冲氧，不投饵直至 100%死亡，试验用水为经沙滤及沉淀过滤的泉水和蒸馏水各 50%的混合水。每天检查记录仔鱼死亡情况，并换等温混合水 2/3。因为冷水鱼发育持续的时间比较长，故每 3 d 测量一次。21 日龄，分成 2 个平行饥饿组和 1 个正常饲喂对照组，每组 700 尾分别放到不同的玻璃缸中，开始饥饿试验。

数据测量：每次每组取出 30 尾，体重（*W*）用精确到 0.001 g 的电子秤测量，全长、肛前长、卵黄囊测量采用数码相机照相，然后计算机上用 Motic Image Plus 2.0 软件测量，精确到 0.001 cm。数据处理：用 SPSS13.0 进行统计分析，用 Excel 2003 运算并绘图。卵黄囊体积=$4/3\pi(r/2)^2R/2$，式中 *r* 为卵黄囊短径，*R* 为卵黄囊长径，*L* 为体长，肥满度值（*K*）=$W/L^3\times100$（Song et al., 2004）。

2.2.2 初次摄食率

哲罗鲑仔鱼开口后每次取 20 尾，放入有效水体为 350 mL 的 500 mL 烧杯中，微充气，投喂水蚤，密度为 20～30 ind/mL。3 h 后将仔鱼取出，然后逐一检查哲罗鲑仔鱼的摄食情况，并计算初次摄食率（董嵩智等，1998），初次摄食率=肠管内含有水蚤的仔鱼尾数/总测定仔鱼尾数×100%。

2.2.3PNR 的确定

PNR 是初次摄食期仔鱼耐受饥饿的临界点。哲罗鲑仔鱼 PNR 确定，本文以哲罗鲑孵化后日龄表示，每日测定饥饿组哲罗鲑仔鱼的初次摄食率，当所测定的饥饿组仔鱼的初次摄食率低于最高初次摄食率的一半时，即为 PNR 的时间（殷名称，1991; Blaxter et al., 1963）。

2.3 结果

2.3.1 饥饿组仔鱼生长的变化

初孵仔鱼，此时为完全内源性营养阶段，破膜后 21 d 左右开始上浮，摄食外源性营养。此时为混合营养阶段，当破膜后 30 d 左右开始完全外源性营养阶段。如表 2-1 所示，初孵仔鱼体重 0.091±0.017 g，全长 1.85±0.03 cm，肛前长 1.32±0.02 cm，卵黄囊长径 0.72±0.03 cm，卵黄囊短径 0.48±0.03 cm，此时卵黄囊较大，消化道呈细管状，紧贴卵黄囊上方，口与肛门呈封闭状。当破膜 21 d 开始饥饿试验，此时鱼体重 0.129±0.008 g，全长 2.85±0.05 cm，肛前长 2.01±0.04 cm，卵黄囊体积 0.020 cm^3。破膜后 30～33 日龄卵黄囊吸收完，45 日龄饥饿组全部死亡。由图 2-1 可以明显看出饥饿组体重变化可以分 4 个阶段：①0～15 日龄体重增长较快；②15～24 日龄体重增长相对较慢，第 24 日龄体重达到最高值 0.130 g；③第 24～33 日龄体重开始减轻，此时鱼体消瘦很慢；④第 33

日龄到最后全部死亡，鱼体重减轻的相对较快。由图 2-2 可见，0～24 日龄鱼全长和肛前长呈直线增长，在 30 日龄时全长 2.97±0.30 cm，肛前长 2.09±0.13 cm，30 日龄以后全长和肛前长停止增长。

表 2-1　饥饿组仔鱼测量表

发育阶段 Developmental stage	体重 Body weight /g	全长 Total length /cm	肛前长径 Length before anus /cm	卵黄囊长径 Length of yolk sac /cm	卵黄囊短径 Short diameter of yolk sac /cm	残食个体 Number of selfmutilation /%
初孵仔鱼	0.091±0.017	1.85±0.03	1.32±0.02	0.72±0.03	0.48±0.03	0
第3天仔鱼	0.097±0.005	1.99±0.07	1.41±0.05	0.72±0.03	0.44±0.04	0
第6天仔鱼	0.100±0.019	2.12±0.06	1.51±0.04	0.68±0.03	0.40±0.02	0
第9天仔鱼	0.111±0.005	2.28±0.07	1.60±0.09	0.67±0.03	0.40±0.02	0
第12天仔鱼	0.116±0.007	2.50±0.06	1.75±0.08	0.64±0.03	0.36±0.03	0
第15天仔鱼	0.127±0.012	2.66±0.15	1.91±0.15	0.61±0.02	0.31±0.03	0
第18天仔鱼	0.127±0.009	2.80±0.06	1.98±0.05	0.62±0.06	0.30±0.05	0
第21天仔鱼	0.129±0.008	2.85±0.05	2.01±0.04	0.66±0.05	0.24±0.02	0
第24天仔鱼	0.130±0.009	2.93±0.25	2.05±0.19	0.66±0.04	0.23±0.03	2
第27天仔鱼	0.127±0.009	2.92±0.06	2.05±0.05	0.61±0.05	0.17±0.03	7
第30天仔鱼	0.126±0.008	2.97±0.30	2.09±0.13	0.60±0.07	0.19±0.03	14.5
第33天仔鱼	0.125±0.007	2.97±0.16	2.08±0.10	—	—	13
第36天仔鱼	0.116±0.011	2.92±0.05	2.04±0.03	—	—	12
第39天仔鱼	0.113±0.008	3.00±0.05	2.11±0.05	—	—	6
第42天仔鱼	0.109±0.013	2.95±0.07	2.07±0.05	—	—	2
第45天仔鱼	0.108±0.012	2.91±0.06	2.02±0.04	—	—	0

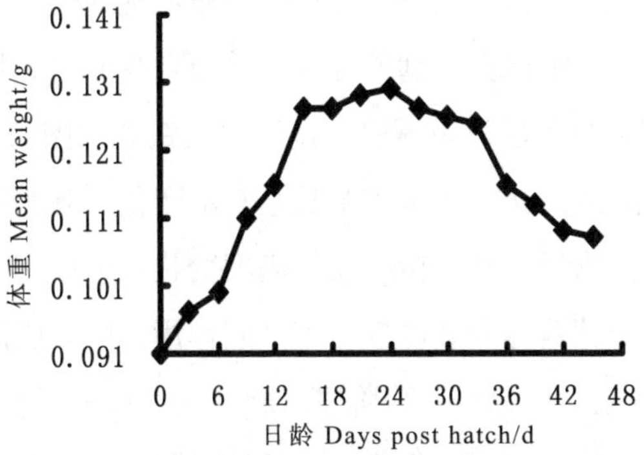

图 2-1　体重随日龄的变化

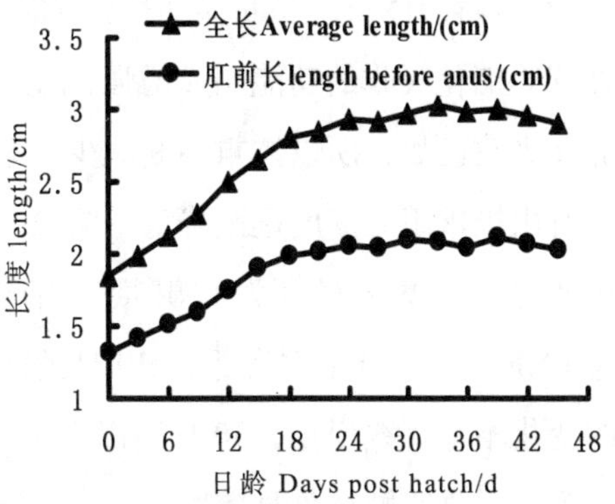

图 2-2　全长、肛前长随日龄的变化

2.3.2 饥饿仔鱼卵黄囊吸收与生长之间的关系

卵黄囊的吸收随日龄不断变化（图 2-3），初孵仔鱼的卵黄囊体积为 0.087 cm^3，在前 15 日龄卵黄囊吸收较快，第 15 日龄时卵黄囊体积为 0.029 cm^3，占初孵仔鱼卵黄囊体积的 33%，以后吸收减慢，第 30 日龄时卵黄囊消失。前 15 日龄卵黄囊吸收最快，体重也是增加最快阶段；15～24 日龄时体重虽然增长，但卵黄提供的营养相对前 15 日龄较少，生长速度减慢，第 24 日龄时体重达最大值 0.13 g；24～30 日龄卵黄囊虽尚未吸收完全，但已经不能满足鱼类生理代谢的需要，所以这阶段鱼体开始消瘦，但速度较慢；第 30 日龄以后鱼体重减轻速度明显变快，30～33 日龄鱼体积累的能量已经全部代谢完；第 36 日龄以后鱼体完全没有营养来源，并且再经过 3 d 体内储存的营养已经全部消耗殆尽，所以鱼体消瘦速度达到最大值，直到死亡。

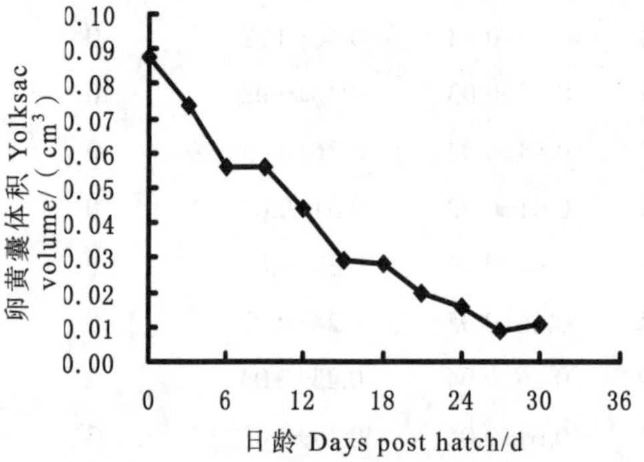

图 2-3　饥饿组卵黄囊吸收与日龄之间的关系

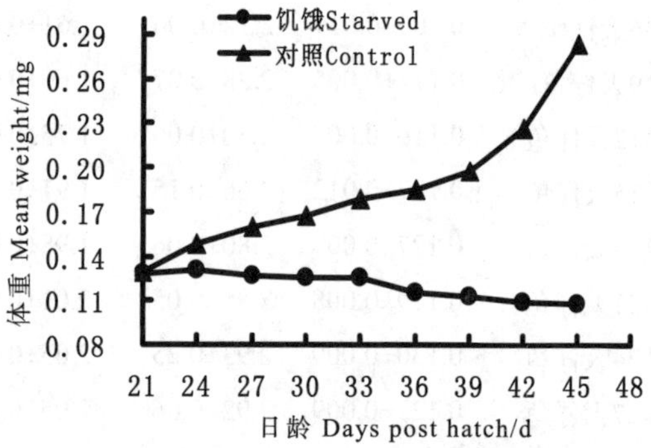

图 2-4　21 日龄后饥饿与对照组体重对比

2.3.3 饥饿组仔鱼与对照组仔鱼形态和行为的对比

21～45 日龄饥饿组与对照组仔鱼体重经 SPSS 13.0 相关分析 P=0.001，$P < 0.01$，差异极显著。由图 2-4 可以看出开始试验时由于对照组摄食了外源性营养体重在不断增长，且第 39 日龄后体重增长明显加快，这时体内消化器官发育较 21～38 日龄时完善，对外源性营养消化吸收的功能明显增强，而同期饥饿组摄食不到外源性营养而自身的内源性营养又吸收已尽，所以体重不断减少，第 33 日龄后体重减轻速度明显变快。由图 2-5 可以看出饥饿组肥满度逐渐降低，第 29 日龄由于此时体重和全长基本不变化，肥满度不再变化，第 29 日龄即为 PNR 期。由试验得出哲罗鲑饥饿状态肥满度变化，可以用来参考 PNR 期的确定。对照组在 30 日龄前内源性营养和外源性营养共同作用，所以肥满度的变化不呈直线变化，30 日龄以后也就是完全外源性营养阶段，肥满度在逐渐增长。

饥饿后哲罗鲑仔鱼身体发黑，头大身瘦，体高比对照组低，全长较对照的短，胃肠处的黑色素特别浓，长期饥饿后脑部下陷。哲罗鲑仔鱼饥饿条件下的行为反应可包括 3 个阶段：①在水体表层高度集群阶段，此阶段为游动迅速、觅食阶段，出现大量自相残食的现象。②分布在水体中层阶段，此阶段有 40%左右的鱼开始离群，大多数头下尾上，缓慢游动，外部形态出现变化，运动不积极，且反应迟钝。③饥饿后期鱼体分布在水体底部，此时鱼体贴鱼缸底壁，尾部与身体呈“V”字形轻微摆动，活动性差，对外界刺激反应迟钝，失去自相残食的能力。由表 2-1 可知，第 25 日龄个别个体出现相互残食，到第 27 日龄增加比较明显，并且随着饥饿时间的延长残食个体不断增多，第 30 日龄时残食个体比例最大，达到 14.5%，持续到 35 日龄时有所减少，至 41 日龄仅发现个别个体相互残食。

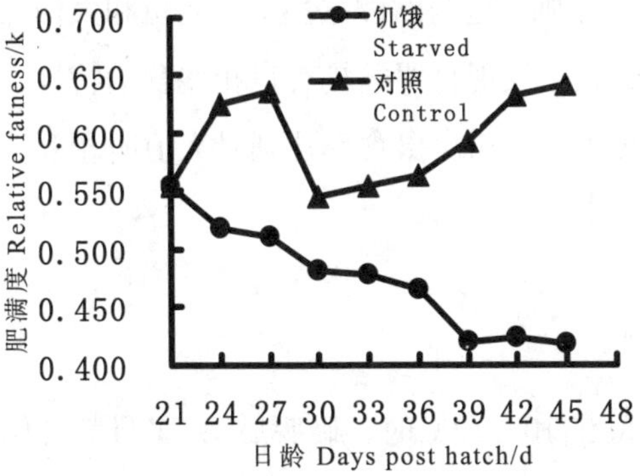

图 2-5　21 日龄后饥饿与对照组肥满度对比

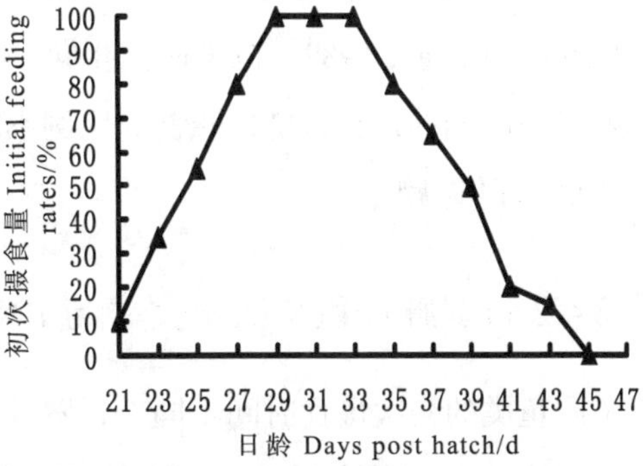

图 2-6　哲罗鲑饥饿仔鱼的初次摄食率

2.3.4 饥饿仔鱼初次摄食率与 PNR 的确定

PNR 也就是初次摄食率达到最高值一半的时间。初次摄食率变化（图 2-6），当哲罗鲑破膜后 21 d 有 1/3 开始上孵，口已开启，开始摄食外源性营养，也就是开始饥饿试验后第一天，此时初次摄食率为 10%，以后逐步上升。第 29 日龄初次摄食率达到最高值 100%，持续了 6 d，到第 34 日龄仍然为 100%。第 39 日龄时也就是卵黄囊吸收完的第 9 天，初次摄食率达到 50%。根据 PNR 点定义，破膜后 39 ~ 40 日龄，也就是饥饿 18 ~ 19 d，即进入 PNR 期。达到不可逆期的仔鱼，大部分仔鱼不能正常摄食，最终死亡而被淘汰。哲罗鲑仔鱼从初次摄食到 PNR 期需 18 ~ 19 d。因此，哲罗鲑仔鱼具有初次摄食能力的时间共 18 ~ 19 d。延迟投饵超过 19 d 以上，哲罗鲑仔鱼在 45 日龄内完全死亡。

2.4 讨论

2.4.1 饥饿对哲罗鲑形态、行为的影响

饥饿后哲罗鲑仔鱼出现鱼体发黑，头大身瘦，体高比正常的低，体长较正常的短，胃肠处的黑色素特别浓，长期饥饿后脑部下陷，这与虹鳟（Macleod，1978）、杂交鲟

（宋兵，2004）、大西洋鲱（*Clupea harengus*）（Enrlich et al., 1976）等鱼类饥饿试验基本相同。鱼类的集群性使鱼类减少了被攻击的概率，但同时也减少了摄取食物的概率（谢晓军等，1998）。哲罗鲑是野生的冷水鱼类，在自然状况下为了躲避敌害攻击提高种群存活比例，形成了高度集群习性。饥饿试验显示，饥饿时间与鱼类集群数量呈负相关，随着鱼类饥饿时间延长，集群数量逐渐减少。鱼类的集群和离群之间存在替代效应，即集群带来的受保护利益与离群带来的获得更多摄食机会之间的替代型转换，饥饿使集群性减弱符合动物在进化过程中其适合度最大化原则，这与欧洲鲂鱼、三刺鱼和大西洋鲱（Robinson et al., 1989）饥饿研究相同。在试验中发现哲罗鲑具有自相残食的特性，且随着饥饿时间的延长，自相残食的比例不断加大，当初次摄食率达到最大值时相互残食的比例达到最大值。

2.4.2 哲罗鲑仔鱼初次摄食率与 PNR

不同鱼类的初次摄食时间不同，哲罗鲑仔鱼在 10 ~ 12℃时，破膜后第 21 日龄开始摄食，要比 26℃饲养水温下 2 日龄南亚野鲮和 3 日龄囊鳃鲶的（Yufera et al., 1993）、21.5℃饲养水温下 7 ~ 8 日龄丁鲂（凌去非等，2003）晚很久，原因可能与温度有关，一般温度越高，鱼类初次摄食时间越早（马旭洲等，2006）。摄食率的高低与最高摄食率持续的长短可以用来判断鱼类的摄食能力，而 PNR 的长短可以判定鱼类耐受饥饿的能力（殷名称，1991）。哲罗的最高摄食率为 100%，出现在 29 ~ 34 日龄，持续 6 d，而黄鲷最高摄食率 75%持续 1 d（夏连军等，2004）、鳀鱼 67%持续 1 d（万瑞峰等，2004），与瓦氏黄颡鱼 100%持续 6 d（马旭洲等，2006）相同，但要比杂交鲟的 100%持续时间 11 d（乐佩琦等，1998）要短。忽略温度影响，对比显示哲罗鲑的摄食能力与瓦氏黄颡要接近，比黄鲷和鳀鱼强很多，但比杂交鲟低。从初次摄食期到 PNR，这段时间是鱼类构建外源性摄食关系的阶段，哲罗鲑 PNR 比较长，为 39 ~ 40 d，而黄鲷 PNR 为 9 ~ 10 d（夏连军等，2004）、瓦氏黄颡 15 d（马旭洲等，2006）、江鲽 11 d（殷名称等，1993）、鲱和鲽 12 ~ 13 d（殷名称等，1993），比杂交鲟的 25 ~ 26 d（宋兵等，2004）要长 15 d 左右。以上结果可以充分说明哲罗鲑具有极强的摄食能力和耐饥饿能力，这些特性可以提高自然状态下种群的生存概率。另一方面也说明哲罗鲑是一个很好的人工驯化品种，因为强大的摄食能力可以降低仔鱼期由自然状况下的天然饵料向人工投喂状况下饲料转化的难度，而强大的耐饥饿能力，可以大大提高哲罗鲑建立外源性营养关系的可能性，从而降低人工驯化及大面积饲养过程中的死亡率。

2.4.3 哲罗鲑仔鱼初次摄食的最佳投喂时间

哲罗鲑具有极强的摄食能力和耐受饥饿能力，这与宋兵等对杂交鲟的研究很相似，他认为杂交鲟在人工养殖和投喂适口天然饵料的条件下，过早、过量和过晚投喂都可以导致死亡率的加大（宋兵等，2004）。21～40 日龄为哲罗鲑仔鱼构建外源性摄食关系的阶段，这期间 29～34 日龄初次摄食率达到最大，为 100%，避免不过早和过晚投喂，可认为 24～34 日龄之间投喂都很适合。但哲罗鲑为凶猛肉食性鱼类，与杂交鲟不同，在试验中发现哲罗鲑具有自相残食的特性，且随着饥饿时间的延长，自相残食的比例不断加大，当初次摄食率达到最大值时相互残食的比例达到最大值，而在 25 日龄自残率最小。为了保证不投喂的过早、过量以及自残率最低、初次摄食率较高，认为第 25 日龄左右，也就是上浮后第 4 天左右为哲罗鲑最佳初次摄食时间。

第三章　延迟初次投喂对哲罗鲑仔鱼生长和存活的影响

鱼类的生长是摄入含能食物、同化自身和异化环境的动态平衡过程，由于栖息的自然水体中食物资源的巨大变化，其在个体发育和生长过程中经常面临不同程度的饥饿（Chappaz et al., 1996），食物缺乏会影响仔鱼生长发育、运动和寻食能力（殷名称，1996; Pena et al., 2005），甚至可能使仔鱼骨骼和肌纤维产生有别于正常状态的变化，当食物短缺到一定程度时将导致种群个体不同程度的死亡（Gisbert et al., 2004）。当胁迫条件改善或消失，就会表现出一定阶段的快速生长，被称为补偿生长（Miglavs et al., 1989）。近年来国内外学者开展了大量人工可控条件下延迟投喂的研究（张怡等，2007; 黄晓荣等，2007; 吴立新等，2000; 闫喜武等，2009; 杨代勤等，2007），不同种类对延迟投喂后表现出的性状也不同，主要集中在延迟投喂对仔鱼摄食能力（Pena et al., 2005; 鲍宝龙等，1998）、游动能力（张怡等，2007; Plaut et al., 1995）、存活（Miglavs et al., 1989; 黄晓荣等，2007; 鲍宝龙等，1998）、形态发育（Gisbert et al., 2004; Bisbal et al., 1995; Dou et al., 2002）和能量代谢（刘璐等，2007）等方面的影响，以及在恢复投喂后表现出的一系列补偿生长现象（Dobson et al., 1984; Kim et al., 1995）。哲罗鲑仔鱼延迟投喂后恢复生长的研究尚未见报道，本章在重新提供丰富食物的条件下，揭示延迟初次投喂对哲罗鲑仔鱼存活、生长和个体大小差异的影响，旨在探讨哲罗鲑仔鱼对早期饥饿的生态适应机制，为鱼类早期生活史对策的相关研究提供基础资料，并为该鱼自然群体和人工养殖提供技术参考。

3.1 材料和方法

3.1.1 试验材料

试验分别于2009年和2010年在黑龙江省宁安市中国水产科学研究院黑龙江水产研究所渤海冷水性鱼类试验站进行。试验用鱼为该试验站通过人工孵化获得上浮并初次摄食的哲罗鲑仔鱼。试验用水为地下涌泉水，各组水质基本无差异，水质指标见表 3-1。

表 3-1　水质情况（mean±SE）

指标 Indicator	0～6 d	6～12 d	12～18 d	18～24 d	24～30 d	30～36 d
水温 Water temperature /℃	10.4±0.3	11.1±0.3	11.6±0.2	12.7±0.5	14.2±1.1	14.9±0.2
溶解氧 Dissolved oxygen /（mg/L）	8.77±0.06	8.53±0.08	7.95±0.03	8.62±0.07	8.32±0.09	8.12±0.06
pH	6.98±0.05	7.03±0.04	7.12±0.12	6.98±0.02	6.99±0.09	7.09±0.08

3.1.2 试验方法

试验共分 5 组，S0 对照组（饥饿 0 d）、S1（开口 9 d 后投喂）、S2（开口 12 d 后投喂）、S3（开口 15 d 后投喂）、S4（开口 18 d 后投喂），每组设 2 个平行组，各 450 尾，试验总历时 36 d，S0 组初次开始投喂记为试验的 0 d。由于哲罗鲑在破膜后 21 d 开始摄食，其不可逆生长点为破膜后 40 d，同时根据作者 2009 年预试验，得出哲罗鲑卵黄囊相对较大，仔鱼在开口后 10 d 卵黄囊吸收完全，因此选择延迟 9、12、15 和 18 d 为间隔时间，试验过程中各组饲养用水为同一水源，由于气温的变暖，导致水温由 10.4℃逐渐升高到 14.9℃，但该温度范围仍然是太门哲罗鲑理想的养殖温度（鲑科鱼类最适生长温度为 10～18℃）。试验鱼采用饱食投喂，开口期投喂人工饲料，所投喂的人工饲料来自北京思富德贸易发展有限公司，其主要营养成分为：粗蛋白（≥53%）、粗脂肪（≥14%）、碳水化合物（≤14%）、灰分（≤10%）和粗纤维（≤1%）。试验期间每日投喂 6 次，每次间隔 2 h，每日清污 4 次，每次间隔 3 h。每日清污时记录各组总死亡数。由于该鱼自相残食主要先咬尾部和头部，因此对死鱼逐一观察，发现尾部和头部有损伤则记为自残死亡。将各组初次投喂 3 h 后随机取出 30 尾，逐一解剖检查摄食情况，初次摄食率=（肠管内含饲料的仔鱼尾数）/（总测定仔鱼尾数）× 100%。

3.1.3 测定与计算方法

每次每组取出 20 尾以内，用精确到 1 mg 的电子天平测量体重（W），全长和体高测量采用数码相机照相，然后在计算机上用 Motic Image Plus 2.0 软件测量，精确到 0.001 cm。并由此计算特定生长率和变异系数。其计算公式如下：

特定生长率（specific growth rate，SGR）：$SGR=(\ln W_2-\ln W_1)/(t_2-t_1)\times 100$；

变异系数（coefficient of variation，CV）：$CV=(SD/\bar{x})\times 100$；

式中：W_1 为初次投喂时体重；W_2 为试验结束时体重；t_1 为初次摄食时间；t_2 为试验结束时间；SD 为标准差；$\bar{x}$ 为平均体重（g）。

3.1.4 数据处理

所得数据用 SPSS 13.0 软件统计单因素方差分析（one-way ANOVA），若差异显著，采用 Duncan's 多重比较检验组间的差异，用 Excel 2003 运算并绘图。

3.2 结果

3.2.1 延迟初次投喂对哲罗鲑仔鱼存活和摄食的影响

从图 3-1 可以看出，S0 组哲罗鲑初次摄食率最低，为 56.7%；S1 组延迟 9 d 后开始投喂，其摄食率上升到 96.7%；延迟 12 d 的 S2 组初次摄食率最大，为 100%；之后随着饥饿时间的延长不断降低，S3 组为 86.7%，S4 组为 63.3%。总死亡率 S0 组为 17.1%；S1 组总死亡率最低；之后总死亡率和延迟投喂时间呈正相关，即随着时间延长总死亡率不断增长，其中 S4 组总死亡率最高（46.7%）。自残死亡率 S0 组最低，为 6.2%；S2 组最高，为 18.7%，之后随着延迟投喂时间延长，虽然总体死亡率不断提高，但其自残死亡率降低，S4 组为 15.8%。

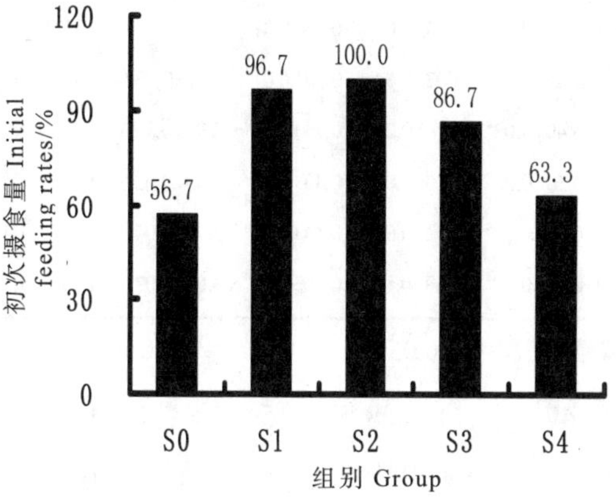

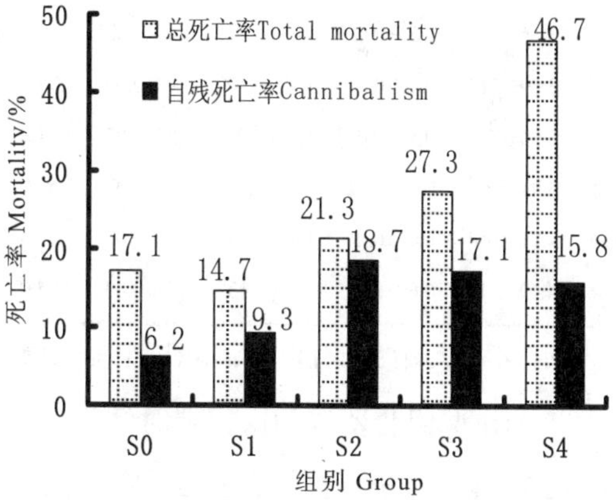

图 3-1　不同处理哲罗鲑初次摄食率和死亡率

3.2.2 延迟初次投喂对哲罗鲑仔鱼生长的影响

试验期间各组哲罗鲑全长和体高的变化见表 3-2，试验共历时 36 d。经统计分析，各组初次投喂时全长无显著性差异，但体高 S0 组与 S1、S2、S3、S4 组差异显著；S1 组与 S2 组差异不显著，但与 S3、S4 组差异显著；S3 组和 S4 组不存在显著性差异。第 36 天时各试验组全长和体高都有不同程度的增长，经统计分析，试验结束时 S0 和 S1 组全长差异不显著（$P>0.05$），S2、S3 和 S4 组均与 S0 组存在显著性差异（$P<0.05$）；

各组体高均存在显著性差异（$P<0.05$）。

试验结束时哲罗鲑仔鱼个体全长变异系数和体重变异系数相差很大，体重变异系数在 9.1%～12.9% ，其中最低值出现在 S1 组，经统计分析，S1 组与 S0、S2 组不存在显著性差异（$P>0.05$），但与 S3、S4 组差异显著，且 S4 组体重变异系数最大；全长变异系数在 2.6%～9.1%，经统计分析，S0、S1、S2 和 S3 组最终全长变异系数无显著差异（$P>0.05$），但都与 S4 组存在极其显著差异（$P<0.05$）。体高变异系数在 3.6%～5.0%，其中 S4 组体高差异系数最大，经统计分析 S0、S1、S2 和 S3 组最终体高变异系数无显著差异（$P>0.05$），但都与 S4 组存在极其显著差异（$P<0.05$）。

表 3-2　不同处理哲罗鲑的全长和体高

时间 Time /d	S0		S1		S2		S3		S4	
	全长 Total length /cm	体高 Body height /cm	全长 Total length /cm	体高 Body height /cm	全长 Total length /cm	体高 Body height /cm	全长 Total length /cm	体高 Body height /cm	全长 Total length /cm	体高 Body height /cm
0	2.83±0.05	0.41±0.01	——	——	——	——	——	——	——	——
9	$3.03±0.02^{A}$	$0.44±0.02^{a}$	$2.97±0.04^{A}$	$0.38±0.02^{b}$	——	——	——	——	——	——
12	$3.22±0.02^{A}$	$0.47±0.02^{a}$	$2.99±0.09^{B}$	$0.44±0.02^{a}$	$2.96±0.03^{A}$	$0.35±0.02^{b}$	——	——	——	——
15	$3.17±0.14^{A}$	$0.47±0.02^{a}$	$3.15±0.07^{A}$	$0.44±0.02^{b}$	$3.02±0.04^{B}$	$0.38±0.01^{c}$	$2.98±0.04^{A}$	$0.32±0.01^{c}$	——	——
18	$3.35±0.12^{A}$	$0.52±0.02^{a}$	$3.33±0.09^{A}$	$0.43±0.02^{b}$	$3.12±0.09^{B}$	$0.38±0.02^{c}$	$3.01±0.04^{C}$	$0.33±0.01^{d}$	$2.97±0.03^{C}$	$0.30±0.01^{c}$
21	$3.56±0.13^{A}$	$0.51±0.02^{a}$	$3.43±0.07^{A}$	$0.46±0.02^{b}$	$3.22±0.06^{B}$	$0.40±0.01^{c}$	$3.05±0.03^{C}$	$0.36±0.01^{d}$	$2.94±0.04^{C}$	$0.31±0.01^{e}$
24	$3.69±0.13^{A}$	$0.55±0.04^{a}$	$3.59±0.10^{A}$	$0.48±0.02^{b}$	$3.34±0.08^{B}$	$0.44±0.02^{b}$	$3.07±0.04^{C}$	$0.37±0.01^{d}$	$2.91±0.03^{D}$	$0.30±0.01^{e}$
27	$3.90±0.14^{A}$	$0.59±0.03^{a}$	$3.74±0.09^{B}$	$0.53±0.02^{b}$	$3.51±0.08^{C}$	$0.49±0.02^{c}$	$3.14±0.05^{D}$	$0.38±0.01^{d}$	$2.94±0.12^{E}$	$0.30±0.02^{e}$
30	$3.91±0.17^{A}$	$0.63±0.02^{a}$	$3.86±0.11^{A}$	$0.56±0.03^{b}$	$3.57±0.10^{B}$	$0.53±0.02^{b}$	$3.20±0.09^{C}$	$0.43±0.02^{c}$	$2.86±0.03^{D}$	$0.39±0.03^{d}$
33	$4.21±0.14^{A}$	$0.67±0.04^{a}$	$3.99±0.14^{A}$	$0.61±0.02^{b}$	$3.76±0.14^{B}$	$0.52±0.01^{c}$	$3.32±0.09^{C}$	$0.44±0.02^{d}$	$2.94±0.04^{D}$	$0.35±0.01^{e}$
36	$4.49±0.12^{A}$	$0.69±0.03^{a}$	$4.26±0.13^{A}$	$0.63±0.03^{b}$	$3.95±0.13^{B}$	$0.56±0.02^{c}$	$3.57±0.10^{C}$	$0.49±0.02^{d}$	$3.03±0.03^{D}$	$0.40±0.01^{e}$

同行不同大/小字母分别表示不同处理全长/体高差异显著（$P<0.05$）。

5 个试验组哲罗鲑初次投喂时体重分别为 147±4.8、125±8.5、115±11.8、110±7.7 和 104±8.7 mg，经统计分析，S0 组体重与 S1、S2、S3、S4 组均呈差异显著（$P<0.05$），S1 和 S2、S3、S4 组均差异显著（$P<0.05$），S3 和 S4 组差异不显著。拟合生长曲线表明，S0 和 S1 组均呈典型的指数增长，生长方程为 $M_{S0}=120.96e^{0.0376x}$，$R^2=0.9407$；$M_{S1}=80.871e^{0.0486x}$，$R^2=0.9406$。其中，M 为体重，x 为试验天数（下同）。从图 3-2 可以看出，随着试验的进行，两组间体重生长趋势线逐渐接近，表明体重差距在不断缩小，当第 36 天时两组体重生长趋势线已经交叉，体重已不存在差异（$P>0.05$）。与 S0 组相比，虽然 S2 组体重生长曲线，也呈现指数增长模式（$M_{S2}=62.67e^{0.0483x}$，$R^2=0.9382$），但整个生长曲线与 S0 组重合区较少，表明两组体重间始终保持一定的差距，至试验结束，两者体重存在显著差异（$P<0.05$）；S3 和 S4 组体重比较接近，重合区域较多，其

中 S3 组呈指数增长模式，生长方程 $M_{S3}=70.097e^{0.0306x}$，$R^2=0.8007$，但 S4 组体重基本未见增长。S3 和 S4 组各个生长阶段体重与 S0 组相差较大，试验结束时 S3 组体重 229±30 mg 和 S4 组体重 169±57 mg 均显著低于 S0 组 367±58 mg（$P<0.05$）。

从图 3-3 可以看出，经历 36 d 的饲养，S0 组特定生长率为 3.5%；S1 组最高，为 5.0%；随着延迟投喂时间的延长，特定增长率逐渐降低，S2 组为 4.7%，S3 组为 3.5%，而延迟投喂 18 d 的 S4 组特定生长率最低，为 1.3%。

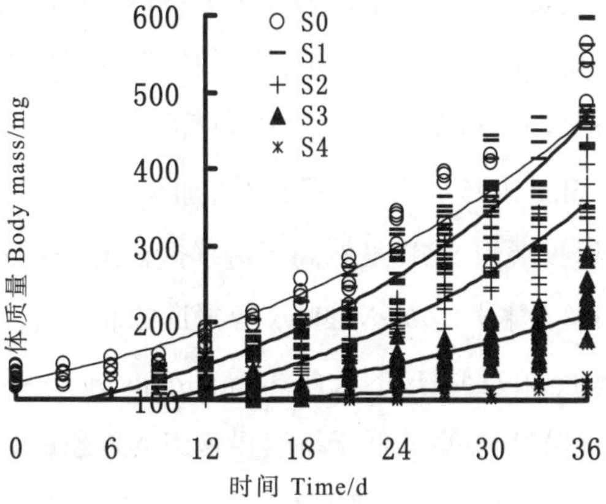

图 3-2　不同处理哲罗鲑体重生长曲线

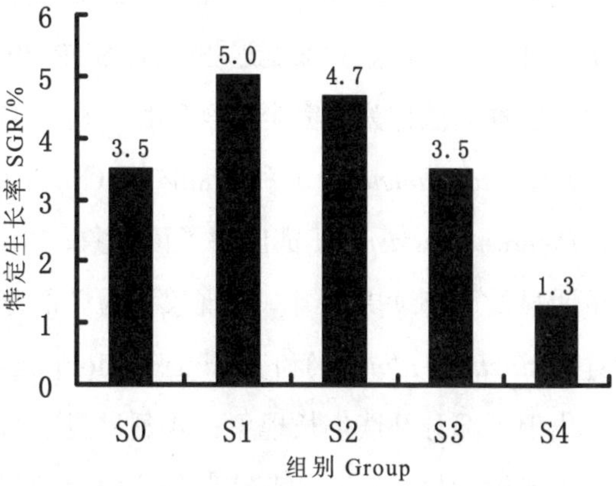

图 3-3　不同处理哲罗鲑特定生长率

3.2.3 延迟初次投喂对哲罗鲑仔鱼行为的影响

延迟投喂时间不同，各组哲罗鲑行为表现也不尽相同，其中 S0 组和 S1 组表现接近，投喂前鱼群主要聚集在入水口，对光线反应敏感，出现少量互相残食的现象，S1 组初次投喂后鱼群整体摄食较好；S2 组在投喂前鱼体消瘦明显，对光线反应敏感，出现大量自相残食现象，初次投喂时鱼群摄食很好；S3 组投喂前鱼群大部分聚集在入水口，但有部分个体脱离群体，漂浮水面独游，自相残食较多，投喂后鱼类摄食状况不佳；S4 组投喂前鱼群中脱离群体个体增多，部分个体活动性差，对外界刺激反应迟钝，部分失去自相残食的能力，投喂后群体中很大一部分不能摄食，直接死亡，摄食的个体生长出现脊柱弯曲的畸形现象。

3.3 讨论

3.3.1 延迟投喂下的仔鱼生长

鱼类延迟投喂或者饥饿后再间断性投喂，会表现出不同的补偿生长现象，这种现象受鱼的种类、饥饿程度、恢复投喂时间和外部水体等因素影响（Miglavs et al., 1989; 吴立新等，2000）。判断鱼类补偿生长现象通常以恢复阶段鱼类生长率（SGR）和体重的变化作为主要的指标（Dobson et al., 1984; Kim et al., 1995）。根据 SGR 和体重变化，同时参考谢小军等（谢小军等，2009）分类方式，将补偿生长分为以下模式：①相同生长环境下，经过一段时间生长延迟投喂组 SGR 和体重明显超过持续摄食组的现象称为“超补偿生长”，如 Dobson 等（Dobson et al., 1984）和 Quinton 等（Quinton et al., 1990）报道的虹鳟、姜志强等（姜志强等，2002）报道的美国红鱼（*Sciaenops ocellatus*）均出现了超补偿生长现象；②延迟投喂组 SGR 虽然高于持续摄食组，但体重却接近持续摄食组，这种现象称为“完全补偿生长”，如 Kim 等（Kim et al., 1995）报道的斑点叉尾鮰（*Ictalurus punctatus*）和 Paul 等（Paul et al., 1995）报道的阿拉斯加湾刺黄盖鲽（*Pleuronectes asper*）都出现了该现象；③延迟投喂组 SGR 虽然高于持续摄食组，但体重明显低于持续摄食组，该现象称为“部分补偿生长”，如 Miglavs 等报道的北极红点鲑（*Saluelinus alpinus*）和 Jobling 等（Jobling et al., 1994）报道的大西洋鳕（*Gadus morhua*）均出现了部分补偿生长现象；④延迟投喂组 SGR 和体重均低于持续摄食组的现象称为“不能补偿生长”，如黄晓荣等（黄晓荣等，2007）对施氏鲟（*Acipenser schrenckii*）和张怡等（张怡等，2007）对南方鲇（*Silurus meridionalis*）的报道均出现了延迟投喂后出现“不能补偿生长”现象。对太门哲罗鲑仔鱼 36 d 试验结果表明，哲罗鲑仔鱼延迟 9 d 后再投喂可实现“完全补偿生长”；延迟 12 d 和 15 d 后再投喂可实现“部分补偿生长”；延迟 18 d 后再投喂则为“不能补偿生长”。

3.3.2 延迟投喂下的仔鱼摄食和存活

仔鱼初次搜索和摄食外源性营养与其相关器官功能的形成和运动模式相互适应（鲍宝龙等，1998）。本试验哲罗鲑仔鱼 S0 组初次摄食率最低（56.7%），明显低于 S1 组（96.7%）、S2 组（100%）、S3 组（86.7%）和 S4 组（63.3%），这可能是 S0 组仔鱼的发育，包括游泳能力和摄食器官发育不健全所导致；12 d 以后（S2 组），仔鱼的相关器官功能和运动模式都已达到最佳状态，所以摄食率最高；随着延迟投喂时间的延长，部分鱼没能及时补充外源性营养，导致器官损坏、体质减弱和游泳能力降低，所以其摄食率再次降低。这与鲍宝龙等（鲍宝龙等，1998）对牙鲆（*Paralichthys olivaceus*）的报道十分相近。试验中 S1、S2、S3 和 S4 这 4 个延迟投喂组中总死亡率和自残死亡率 S1 组最低，同正常投喂组相比，虽然 S0 组自残死亡率低于 S1 组，但总死亡率高于 S1 组，这可能与哲罗鲑的驯化模式和食性相关。哲罗鲑作为野生肉食性鱼类存在严重自相残食现象，在人工驯化早期为了降低自相残食比例，每次都需要投喂大量的粉末状人工饲料，然而粉末状人工饲料长时间存在可导致仔鱼细菌性烂鳃病的爆发。在试验中 S0 组比 S1 组投喂粉末饲料多 9 d，S0 组烂鳃病也比 S1 组严重，导致 S0 组虽然自残率低于 S1 组，但总死亡率却高于 S1 组。

3.3.3 延迟投喂对哲罗鲑仔鱼培育的意义

Miglavs 等（Miglavs et al., 1989）认为，在不影响食物转化率时，控制饥饿和恢复摄食的节律，可以提高鱼类的生长速度。自然和人工养殖状态下鱼类大部分都是数量较大的聚集群体，具有相当强的聚集性（Chappaz et al., 1996; 鲍宝龙等，1998）。与哺乳类等（Wilson et al., 1960）大型动物比较，研究补偿生长对鱼类群体的意义要相对更突出，但不能仅考虑生长速度和体重，还应该综合考虑群体的死亡率、大小差异和养殖成本等因素。

延迟哲罗鲑仔鱼初次摄食时间提高了 S1、S2、S3 组的生长速度，虽然 S1 组自残率高于 S0 组，但总体的死亡率却低于 S0 组，在相同试验时间内 S0 和 S1 组群体大小和体重也未见显著性差异，同时由于 S1 组比 S0 组少投喂了 9 d，在大批量培育苗种过程中，不但减少了投喂和清理剩料等劳动量，也节约了饲料和劳动力成本。因此在水温 10.4～14.9℃时，哲罗鲑仔鱼培育可采用延迟 9 d 投喂的方法。很多学者认为鱼类限制摄食等因素产生的补偿生长，随着水体温度、pH、盐碱度和溶氧等因素的改变而改变（Miglavs et al., 1989; 吴立新等，2000; 朱艺峰等，2008），因此关于不同环境因子对哲罗鲑仔鱼补偿生长的影响还有待进一步深入研究。

第四章　哲罗鲑仔稚鱼摄食感觉器官的发育与摄食强度的关系

鱼类的味蕾（TBs）分布在口、口咽腔、鳃和皮肤表面（Gomahr et al., 1992）。口咽部味蕾对感知食物的喜好性和吞咽反馈具有重要作用（Ezeasor et al., 1982; Micale et al., 2006），且常被当作吞咽食物的第一道“关口”（梁旭方等，1998; Hachero-Cruzado et al., 2009）。鱼类嗅觉器官对于觅食、识别、集群、求偶、洄游、防御敌害等也有重要意义（宋天复，1987）。哲罗鲑在弱光的条件下仍可摄食，因此，在弱光的条件下，摄食感觉器官的感知作用可能强于视觉。然而，目前尚无关于哲罗鲑摄食感觉器官发育和摄食之间关系的报道。获知鱼类摄食感觉器官的生物特性，不仅可了解其早期生活史，也可改善其苗种培育技术（Kawamura et al., 1985）。因此，摄食感觉器官的发育程度为了解鱼类早期发育阶段的摄食行为提供重要信息。

硬骨鱼类在性成熟以后，其消化系统被广泛研究（Barreiro-Iglesias et al., 2010; Elsheikh et al., 2012; Kapsimali et al., 2013）。然而，有关鱼类摄食感觉器官发育的报道较少。Reutter 等（1995）用扫描电镜观察了大菱鲆味蕾的发育过程（Reutter et al., 1995）。Hansen 等（2002）报道了斑马鱼身体各部位（包括口咽部）的味蕾（Hansen et al., 2002）。Fishelson 等（2004）描述了鳚科（Blenniidae）和鰕虎科（Gobiidae）14 种鱼类味蕾在口腔和咽部的形成和分布（Fishelson et al., 2004）。Mukai 等（2008）发现 2 日龄平游仔鱼有锋利的牙齿，其味蕾发育完善，在明亮和黑暗的环境下均可摄食（Mukai et al., 2008）。

本章研究哲罗鲑摄食感觉器官的发育和摄食强度的关系，丰富了鱼类生理的研究内容，这对于全面了解哲罗鲑生理特性有重要意义，对其早期苗种培育提供依据。

4.1 材料和方法

4.1.1 试验材料和试验设计

采用初孵哲罗鲑仔鱼（初重 0.11 ± 0.01 g，孵化后 21 日龄）。饲养于平列槽（500 L）

中。试验设 3 个重复，每个重复 5000 尾。试验水为涌泉水，饲养期间水温 11.0 ± 0.50℃，pH 7.2 ± 0.1，溶氧>6.0 mg/L，氨氮<0.02 mg/L，试验开始时流速为 0.4 L/s 逐渐增加到 1.0 L/s（33 日龄）。仔鱼用活饵投喂。23 ~ 27 日龄仔鱼用水蚤（*Daphnia magna*）饲喂和 28 ~ 96 日龄仔鱼用水蚯蚓（*Limnodrilus claparedeianus*）饲喂。光周期为 15 h : 9 d。饱食投喂 4 次（6:00，10:00，14:00，18:00）。养殖周期为 76 d。

活饵（水蚤和水蚯蚓）用 2% NaCl 消毒，过筛绢，滤水后饲喂仔鱼。活饵营养成分见表 4-1。

4.1.2 采样时间和组织学观察

口咽部味蕾发育的采样时间和数量见表 4-2。嗅囊发育的取样时间分为 2 个阶段：前 25 d，每天采集 1 次；后 40 d，每 5 d 采集 1 次。嗅囊发育观察每次随机取 9 尾全鱼。每次取样时，哲罗鲑用 MS-222 麻醉，然后用 Bouin’s 液固定 48 h，常规石蜡包埋，用 KD1508 型切片机对样本进行纵、横方向连续切片，切片厚度为 6 μm，H.E.染色法染色，中性树胶封片，光学显微镜下观察嗅囊、味蕾的组织学形态特征。消化道食物充塞度的采样时间和数量见表 4-3，在显微镜或解剖镜下观察消化道的食物充塞度等级（刘建康，1999）。

表 4-1 活饵营养成分 /%

饵料 Diets	营养成分 Nutrients levels			
	水分 Moisture	粗蛋白 Crude protein	粗脂肪 Crude lipid	灰分 Ash
水蚤 Water flea	84.35	9.02	2.68	3.86
水蚯蚓 Tubifex	83.88	10.03	5.29	0.69

4.2 结果

4.2.1 嗅囊发育过程

27 日龄仔鱼嗅囊上皮未分化（图 4-1）。30 日龄仔鱼嗅囊上皮从嗅囊基部开始分化（图 4-2）。42 日龄鱼苗上皮分化更加明显，细胞分化加剧（图 4-3）。55 日龄鱼苗由上皮和固有膜组成的黏膜从嗅囊底部向上隆起形成第一个初级嗅板（图 4-4）。随着进一步的发育，85 日龄鱼苗嗅囊分化完成，初级嗅板数量增加，上皮细胞由感受细胞、支持细胞、基细胞组成（图 4-5）。感受细胞上端突起直达上皮表面并有微绒毛，细胞呈梭形，染色深。支持细胞为柱状细胞，细胞核大，呈圆形，细胞质染色浅。基细胞位于嗅囊上皮基部，为小卵圆形或椭圆形细胞，细胞核圆形，染色深，基细胞形成一个不连续的细胞层。

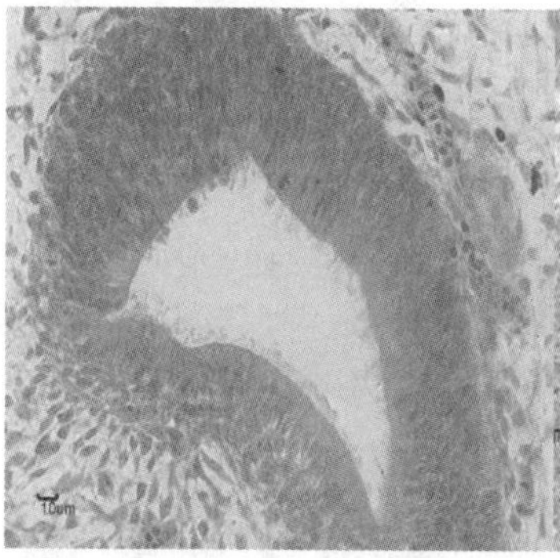

图 4-1 27 日龄仔鱼嗅囊

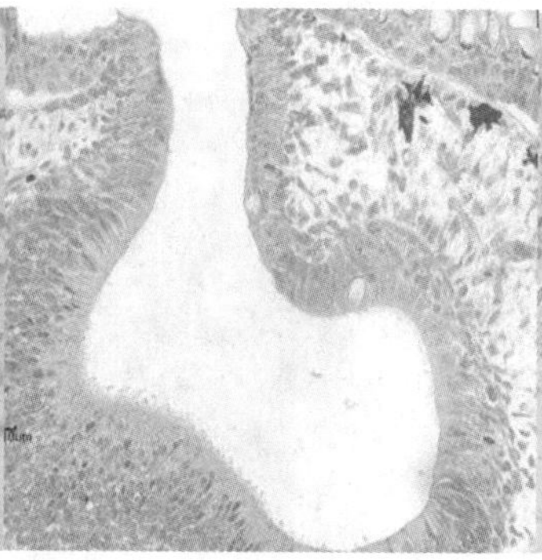

图 4-2 30 日龄仔鱼嗅囊

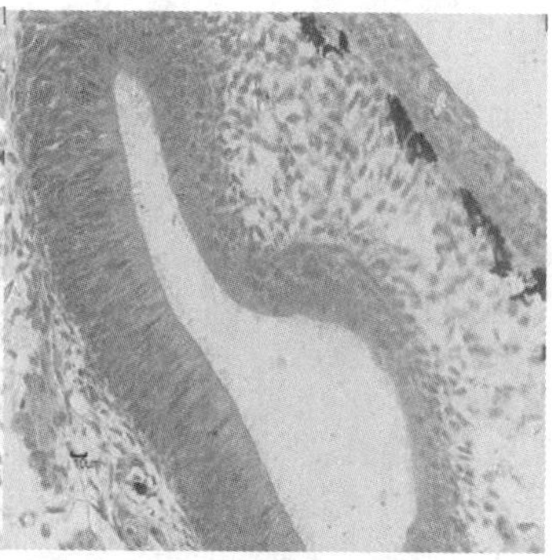

图 4-3 42 日龄稚鱼嗅囊

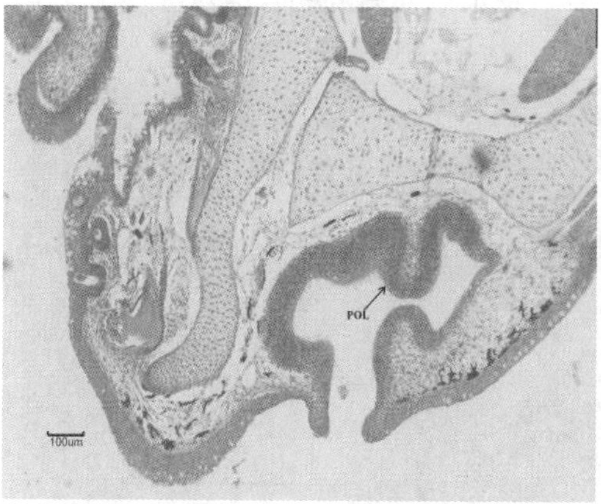

图 4-4 55 日龄稚鱼嗅囊

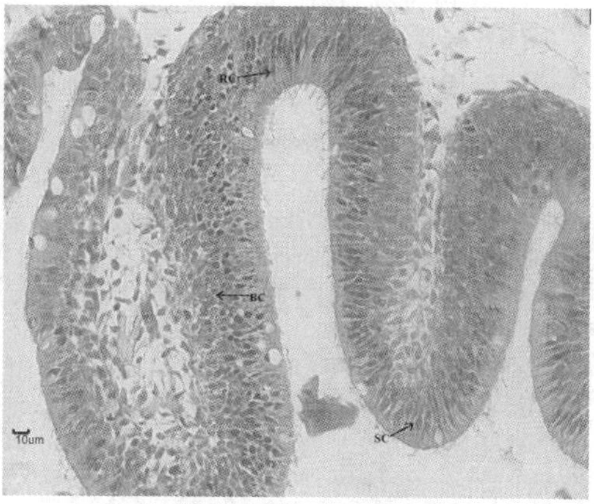

图 4-5 85 日龄稚鱼嗅囊

4.2.2 味蕾发育过程

下面的描述仅限于口咽部味蕾形态特征的发育顺序，且该方法不能得到确切的发育时序。27 日龄时，口咽部上皮细胞中最初出现少数的味蕾原基（图 4-6），这与初次摄食的时间相对应。在 36 日龄时，味蕾开始分化成两层细胞（图 4-7）。在 45 日龄时，味蕾原基分化为小的味蕾且顶端外露出表皮（图 4-8）。在 76 日龄时，口咽部味蕾发育完全，其组织结构与成鱼无异（图 4-9）。

哲罗鲑发育过程中其口咽部味蕾的数量和大小见表 4-2 和表 4-3。鱼苗在 27，36，45 和 76 日龄时，口咽部味蕾的大小分别为 8.63±1.15 μm，11.29±0.50 μm，14.50±1.06 μm 和 17.78±0.47 μm。上下咽部味蕾的数量随发育的进行而增多，特别是上咽部的数量显著增多。味蕾高度和宽度的比例也呈增加的趋势，其范围从 0.81 增加到 1.11。29 日龄后味蕾的高度也表现出增加的趋势。味蕾的宽度呈先减小后缓慢增加的趋势，35 日龄时宽度为最小值。

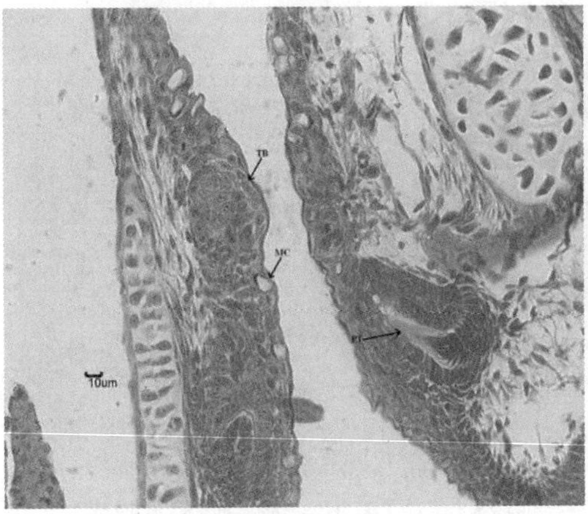

图 4-6　27 日龄仔鱼口腔纵切
（TB：味蕾；MC：黏液细胞；PT：腭齿）

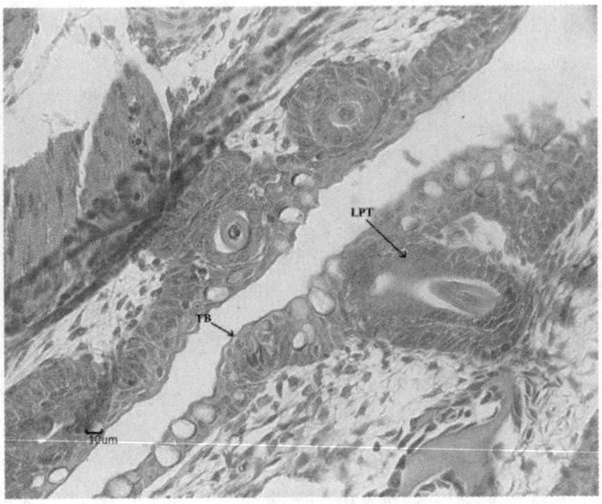

图 4-7　36 日龄仔鱼口腔纵切
（TB：味蕾；LPT：下咽齿）

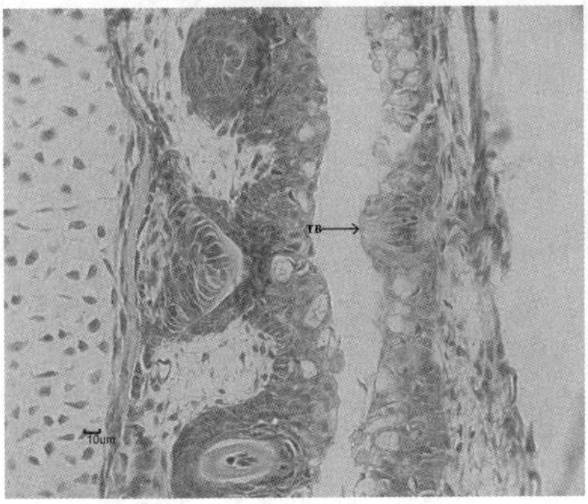

图 4-8　45 日龄稚鱼口腔纵切
（TB：味蕾）

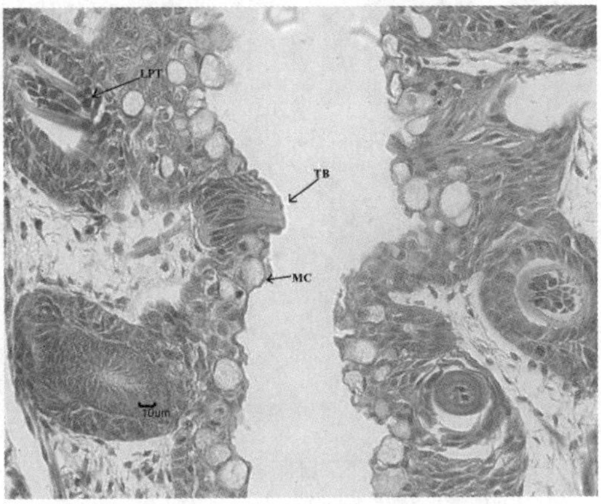

图 4-9　76 日龄稚鱼口腔纵切
（TB：味蕾；MC：黏液细胞；LPT：下咽齿）

表 4-2　哲罗鲑味蕾发育的数量

日龄 DAH	检测数量 Examined number	观测数量 Observed number	特征 Characteristics of pharyngeal TBs	高度 Basal-apical height A /μm	最大宽度 Maximum width B /μm	A/B
25	9	1	出现原基	53.49	65.84	0.81
26	9	2	出现原基	53.12±0.24	64.01±0.08	0.83
27	9	8	出现原基	51.86±3.27	61.33±2.07	0.85±0.04
28	9	8	出现原基	51.05±3.17	58.34±2.08	0.87±0.04
29	9	9	出现原基	51.36±3.12	58.03±3.05	0.89±0.02
34	9	1	细胞分化为 2 层	48.21	55.60	0.87
35	9	3	细胞分化为 2 层	48.84±4.92	55.01±5.23	0.89±0.01
36	9	7	细胞分化为 2 层	48.99±3.48	55.04±2.90	0.89±0.03
37	9	8	细胞分化为 2 层	49.20±3.42	55.05±2.69	0.89±0.04
38	9	9	细胞分化为 2 层	49.16±1.08	55.18±2.58	0.89±0.04

续表

日龄 DAH	检测数量 Examined number	观测数量 Observed number	特征 Characteristics of pharyngeal TBs	高度 Basal-apical height A /μm	最大宽度 Maximum width B /μm	A/B
43	9	2	细胞分化完成	50.53±0.27	56.53±2.72	0.90±0.04
44	9	4	细胞分化完成	53.23±5.28	56.82±4.10	0.94±0.03
45	9	8	细胞分化完成	56.09±4.90	56.91±3.02	0.99±0.06
46	9	8	细胞分化完成	58.85±4.29	57.73±2.76	1.02±0.04
47	9	9	细胞分化完成	63.17±3.89	57.55±2.90	1.10±0.06
67	9	1	发育完善	65.31	58.62	1.11
70	9	2	发育完善	64.57±5.64	58.68±2.43	1.10±0.06
73	9	5	发育完善	65.12±2.33	59.21±4.74	1.11±0.09
76	9	9	发育完善	64.99±3.07	58.35±2.40	1.11±0.06

表 4-3　哲罗鲑味蕾的发育

日龄 DAH	下咽部数量 Number of lower pharynx	单位面积下咽部数量 Per mm^2 of lower pharynx	上咽部数量 Number of upper pharynx	单位面积上咽部数量 Per mm^2 of upper pharynx
25	3.00	5.00	5.00	7.00
26	4.00	6.00	5.50±2.12	7.00±6.00
27	3.50±0.53	5.50±0.53	5.13±1.13	6.88±7.75
28	3.50±0.76	5.38±1.06	6.25±0.89	8.25±7.22
29	4.11±1.05	6.22±1.64	6.00±1.22	7.78±7.50
34	5.00	7.00	6.00	8.00
35	5.33±0.58	7.33±0.58	6.33±1.15	8.33±8.00
36	5.29±0.95	7.43±1.27	6.00±1.15	8.00±8.63
37	5.38±0.92	7.38±0.92	7.75±1.16	10.00±8.22
38	5.44±0.73	7.44±0.73	7.22±1.20	9.33±9.00
43	6.00	8.00	7.50±0.71	10.50±0.71
44	6.25±0.50	8.50±1.00	7.25±0.96	10.00±1.41
45	6.50±0.93	8.75±1.39	8.00±1.31	11.25±2.19
46	6.00±0.53	8.13±0.83	8.63±1.19	12.25±1.91
47	7.11±0.93	10.00±1.50	8.22±5.00	11.67±1.32
67	8.00	14.00	9.00	15.00
70	8.50±0.71	14.00±2.83	9.50±5.13	13.00±1.41
73	8.60±0.55	14.40±1.67	9.60±6.25	14.80±2.39
76	8.78±0.97	14.33±1.41	9.00±6.00	15.22±1.20

4.2.3 仔稚鱼摄食器官发育与摄食强度的关系

不同日龄仔稚鱼消化道充塞度的变化如表 4-4 所示。24 日龄前的仔鱼，消化道未有食物充塞度，25～26 日龄仔鱼仅有少数个体（11.1%）消化道有一定的食物充塞度（1 级）。27 日龄仔鱼多数个体（占 66.7%）消化道有一定的食物充塞度（1 级），多数仔鱼开始少量摄食。29 日龄仔鱼均摄食，消化道食物充塞度达到 2 级和 3 级的个体分别占 44.4%和 33.3%。45 日龄稚鱼均强烈摄食，消化道食物充塞度等级均达到 5 级。随着发育的进行，稚鱼消化道食物充塞度等级均达到 5 级。

表 4-4　不同日龄仔稚鱼消化道充塞度的变化

日龄 DAH	测定时间 Time /h	样本数 Number /ind.	消化道充塞度 Fullness of alimentary tract（rank）					
			0	1	2	3	4	5
21	7:00，19:00	18	18	0	0	0	0	0
22	7:00，19:00	18	18	0	0	0	0	0
23	7:00，19:00	18	18	0	0	0	0	0
24	7:00，19:00	18	18	0	0	0	0	0
25	7:00，19:00	18	16	2	0	0	0	0
26	7:00，19:00	18	16	2	0	0	0	0
27	7:00，19:00	18	4	12	2	0	0	0
28	7:00，19:00	18	1	5	10	2	0	0
29	7:00，19:00	18	0	1	8	6	3	0
30	7:00，19:00	18	0	1	8	6	3	0
34	7:00，19:00	18	0	4	4	8	2	0
35	7:00，19:00	18	0	1	6	8	3	0
36	7:00，19:00	18	0	1	2	8	5	2
37	7:00，19:00	18	0	0	1	2	10	5
38	7:00，19:00	18	0	0	0	2	6	10
43	7:00，19:00	18	0	0	2	0	2	14
44	7:00，19:00	18	0	0	0	0	2	16
45	7:00，19:00	18	0	0	0	0	0	18
46	7:00，19:00	18	0	0	0	0	0	18
47	7:00，19:00	18	0	0	0	0	0	18
67	7:00，19:00	18	0	0	0	0	0	18
70	7:00，19:00	18	0	0	0	0	0	18
73	7:00，19:00	18	0	0	0	0	0	18
76	7:00，19:00	18	0	0	0	0	0	18

表 4-5　仔稚鱼摄食器官发育与摄食强度的关系

日龄 DAH	嗅囊特征 Characteristics of olfactory organs	口咽部味蕾特征 Characteristics of pharyngeal taste buds	消化道充塞度 Fullness of alimentary tract（rank）					
			0	1	2	3	4	5
27	嗅囊上皮未分化	88.9%出现原基	22.2%	66.7%	11.1%	0	0	0
43	嗅囊上皮分化	22.2%细胞分化完成	0	0	11.1%	0	11.1%	77.8%
44	嗅囊上皮分化	44.4%细胞分化完成	0	0	0	0	11.1%	88.9%
45	嗅囊上皮分化	88.9%细胞分化完成	0	0	0	0	0	100%
46	嗅囊上皮分化	88.9%细胞分化完成	0	0	0	0	0	100%
47	嗅囊上皮分化	100%细胞分化完成	0	0	0	0	0	100%
76	嗅板形成	100%发育完善	0	0	0	0	0	100%

哲罗鲑仔稚鱼摄食感觉器官的发育和摄食强度存在明显的对应关系（表 4-5）。初孵仔鱼，消化道未有食物充塞度，此时嗅囊上皮未分化，口咽部基本未出现味蕾。27 日龄仔鱼多数个体（占 66.7%）消化道有一定的食物充塞度（1 级），多数仔鱼开始少量摄食，此时 88.9%仔鱼出现味蕾原基，但嗅囊上皮仍未分化。43 日龄稚鱼均摄食，且

77.8%个体充塞度等级达 5 级，此时嗅囊上皮分化，22.2%口咽部味蕾细胞分化完成。45 日龄稚鱼充塞度等级均达 5 级，此时嗅囊上皮分化，88.9%口咽部味蕾细胞分化完成。

4.3 讨论

嗅觉和味觉是鱼类摄食感觉器官的重要属性，以区分水体中食物的可利用程度（Hara，1994），两者感知的距离大不相同，嗅觉可以对 100 m 外的食物进行鉴别，而味觉感知距离很近（单保党等，1995）。Khanna（1968）认为，肉食性鱼类缺乏味蕾或者很少，其摄食主要靠视觉（Khanna et al., 2003）。本结果显示，哲罗鲑仔鱼在弱光的条件下仍可摄食，是通过视觉、味觉和嗅觉共同的作用结果。哲罗鲑仔鱼似乎可用味蕾和嗅觉器官进行感知。因此，味蕾的存在可能是底栖、摄食缓慢等鱼类在弱光条件下进行摄食感知的一种补偿。

哲罗鲑的初孵仔鱼嗅囊小，细胞没分化，27 日龄仔鱼嗅囊开始分化，55 日龄稚鱼嗅觉开始功能化。结果与底栖鱼类如牙鲆有所不同，其初孵仔鱼的嗅囊中没有感觉细胞，25 日龄时，嗅囊中各种细胞均分化完毕并功能化（Kawamura et al., 1985）。由于哲罗鲑和牙鲆的生活习性不同，嗅觉在摄食中的作用所占地位也不相同，牙鲆在转入底层生活以后，嗅觉成为摄食的主要感觉，视觉相应地变为次要感觉，而哲罗鲑在嗅觉功能化以后，视觉仍是主要感觉，但这两种鱼的嗅觉发育都迟于视觉。

鱼类在摄入食物时，食物在口腔中有一定的停留期，最终通过感觉判断是否拒食或吞咽（Kasumyan et al., 2003）。本研究说明，口咽部味蕾可能对食物的喜好具有重要的作用。哲罗鲑稚鱼口咽部味蕾在 45 日龄时发育完善，此时，从其摄食行为的观察结果来看，稚鱼已经具备吞咽食物和吐食的行为，而在较早时期其尚不具备完全“品尝”食物的能力。这与虹鳟的研究结果一致（Ezeasor et al., 19821）。Ezeasor（1982）认为味蕾高度较大时，具有较强的感知能力，味蕾发育完全后可能增加感知部位和食物的接触面积（Ezeasor et al., 1982）。

已有研究表明，一些鱼类在味蕾系统尚未发育完善便可以摄食，而有些鱼类却在味蕾功能化之后开始摄食。虹鳟在 8 日龄时出现成熟的味蕾（Twongo et al., 1977），但是，其在 27 日龄时开始摄食（MacCrimmon et al., 1980）。哲罗鲑仔鱼在 27 日龄时出现了味蕾原基（水温 10.9 ~ 11.5℃），此时，口咽部味蕾的发育与初次摄食的时间较为接近。45 ~ 46 日龄的哲罗鲑稚鱼口咽部味蕾具有开口的感受区域，且此时摄食较为旺盛。从结果来看，尽管哲罗鲑口咽部味蕾发育和其他鲑科鱼类的发育具有相似的模式，但是各阶段发育的时间间隔较长，这可能是该物种的特殊性。从本研究结果来看，哲罗鲑口咽部味蕾的形成和功能化时序可以作为投喂的参考。

鱼类味蕾的数量随着发育而发生变化。例如，Fishelson（2005）研究表明，大鳞蛇鲻（*Saurida macrolepis*）口腔味蕾的数量由400（体长80 mm）增至1150（体长260 mm）（Fishelson，2005）。本结果表明，哲罗鲑口咽部味蕾数量随着发育显著增加。这种变化可能与摄食量的增加相对应。目前的研究结果尚未得知哲罗鲑在早期发育阶段的味蕾是否固定。其他鱼类的研究表明，口咽部味蕾因种类而异。哲罗鲑口咽部味蕾的数量低于其他鲑科鱼类。这种差异除与种类的差异外，可能与其自然条件下的食物种类和摄食行为有关（Fishelson et al., 2010）。

与其他鲑科鱼类不同的是，哲罗鲑味蕾在发育过程中其形状也发生改变。味蕾高与宽的比例呈增加趋势（0.81 ~ 1.11）。尽管在76日龄哲罗鲑口咽部的味蕾已发育完善，但其高度和宽度的比例可能会随着发育的进行而进一步增加至一个稳定值。

哲罗鲑仔稚鱼的摄食感觉器官发育和摄食存在着对应关系。27日龄前的仔鱼，消化道未有食物充塞度，此时嗅囊上皮未分化，口咽部基本未出现味蕾。仔鱼在孵化后27日龄时，多数个体（占66.7%）消化道有一定的食物充塞度（1级），此时88.9%仔鱼出现味蕾原基，需及时进行投喂。关海红等（2009）认为，哲罗鲑在孵化后30日龄时卵黄囊被吸收，消化器官结构和功能发育完善，开始由混合性营养期进入外源性营养期（关海红等，2009）。结果的略微差异可能由于试验水温不同造成的，但可以看出，哲罗鲑仔鱼口咽部味蕾出现的时间与消化系统的发育过程较为一致，口咽部味蕾可能初步具有“品尝”食物的能力。然而，嗅囊的发育进程较口咽部味蕾较晚，此时所起的摄食感觉作用略小。对27日龄仔鱼开始进行投喂，可节省饲料成本，提高仔鱼的成活率。43 ~ 45日龄哲罗鲑稚鱼充塞度等级均达5级，嗅囊上皮分化，口咽部味蕾细胞基本都分化完成。可见，哲罗鲑稚鱼的摄食也可能受摄食感觉器官的发育程度的影响，此阶段稚鱼已具备鉴别食物的能力，因此，投喂策略需要做出相应的改变。

第五章　饥饿对哲罗鲑仔鱼消化器官与组织学影响

Hjort（1914）指出在鱼类早期生活史阶段，饥饿是影响鱼类生长、发育和生存的重要生态因素之一。仔鱼期是鱼类一生中最脆弱、最关键的阶段，对饥饿尤为敏感（殷名称，1991），食物不足或缺乏时，消化系统首先受到影响，故众多学者很注重研究早期生活史阶段，饥饿对消化系统的影响（谢小军等，1998；沈文英等，1999; Gustave et al., 1995; Silva et al., 1992），研究饥饿状态下消化系统变化，对鉴别正产与饥饿鱼，评价鱼类营养状况也十分有价值（Enrlich et al., 1976; Bisal et al., 1995）。本章对哲罗鲑仔鱼消化器官组织学的研究，不但极大丰富了我国淡水鱼类早期生活史的研究，同时为哲罗鲑自然资源保护与人工繁殖提供相应的理论依据。

5.1 试验材料与方法

5.1.1 试验材料

试验于 2006 年和 2007 年 5 月在黑龙江省宁安市，中国水产科学研究院黑龙江水产研究所渤海冷水性鱼类试验站进行。试验用鱼为该试验站通过人工产卵、孵化获得刚破膜的哲罗鲑仔鱼。

5.1.2 试验方法

哲罗鲑开口期仔鱼分成 2 个平行饥饿组和一个正常饲喂对照组，每组 700 尾放入到体积 60 L 的玻璃钢中进行试验，试验用水为经沙滤及沉淀过滤的泉水和蒸馏水各 50%的混合水，水温维持 10 ~ 12℃之间，用氧气泵微冲氧。饥饿组不投饵直至 100%死亡，正常组投喂足量水蚯蚓，每天检查记录仔鱼死亡情况，并换等温混合水 2/3。

每 3 d 对照组与饥饿组各取 30 尾测量体长和体重，其中 15 尾解剖取出消化管道测量长度，每天每组 Bouin's 液固定 10 尾，72 h 后换成 70%酒精洗去残留 Bouin's 液，常规脱水，石蜡包埋，连续切片厚度 5 ~ 6 μm，H.E.染色，Motic Image Plus 2.0 系统照像，并测量消化管肌肉层、黏膜层、黏膜下层、褶皱高。体重（*W*）用精确到 0.001 g 的电子秤测量，全长测量采用数码相机照相，Motic Image Plus 2.0 软件测量。数据处理：用 SPSS 13.0 进行统计分析，Excel 2003 运算并绘图。

5.2 结果

5.2.1 饥饿对哲罗鲑仔鱼外部形态与行为的影响

由表 5-1 中可以看出开始试验时仔鱼体重 0.129±0.008 g，全长 2.85±0.05 cm，消化管长 2.01±0.04 cm。对照组体重不断增加，饥饿组体重的最高值出现在饥饿第 3 天，随着试验的不断进行，饥饿组体重不断降低；第 18 天时饥饿组全长和消化管长达到最大值，分别为 3.00±0.05 cm 和 2.11±0.05 cm，以后不断降低；在 0 ~ 12 d 饥饿组仔鱼在水体表层高度集群阶段，此阶段游动迅速，出现大量自相蚕食的现象；在 12 ~ 18 d 饥饿组仔鱼运动不积极，且反应迟钝阶段分布在水体中层，此阶段有 40%左右的鱼开始离群大多数头下尾上，缓慢游动，体高比对照组低，全长较对照组短，身体发黑（图 5-1a，b）；在 18 ~ 24 d 饥饿后期鱼体分布在水体底部，此时鱼体贴在鱼缸底壁尾部与身体呈“V”字形轻微摆动，活动性差，对外界刺激反应迟钝失去自相残食的能力，第 24 天饥饿组试验鱼全部死亡，此时期饥饿组仔鱼头大身瘦，体高比对照组明显低，全长较对照的短，长期饥饿后脑部下陷解剖可以看出胃肠处的黑色素特别浓（图 5-1 c、d）。

表 5-1　饥饿组与对照组仔鱼体重、全长和消化管长的变化

天数 Days	体重 /g Body weight /g		全长 /cm Total length /cm		消化管长 /cm Length of digestive tract /cm	
	对照 Fed	饥饿 Starved	对照 Fed	饥饿 Starved	对照 Fed	饥饿 Starved
0	0.129±0.008	0.129±0.008	2.85±0.05	2.85±0.05	2.01±0.04	2.01±0.04
3	0.148±0.008	0.130±0.009	2.92±0.06	2.93±0.25	2.00±0.06	2.05±0.19
6	0.160±0.011	0.127±0.009	2.93±0.08	2.95±0.06	2.04±0.07	2.05±0.05
9	0.167±0.012	0.126±0.008	3.13±0.10	2.97±0.30	2.20±0.07	2.09±0.13
12	0.178±0.019	0.125±0.007	3.18±0.10	2.97±0.16	2.20±0.06	2.08±0.10
15	0.185±0.123	0.116±0.011	3.20±0.06	2.99±0.05	2.23±0.05	2.08±0.03
18	0.198±0.031	0.113±0.008	3.22±0.14	3.00±0.05	2.24±0.11	2.11±0.05
21	0.227±0.039	0.109±0.013	3.44±0.14	2.95±0.07	2.30±0.23	2.07±0.05
24	0.284±0.030	0.108±0.012	3.54±0.14	2.91±0.06	2.39±0.12	2.02±0.04

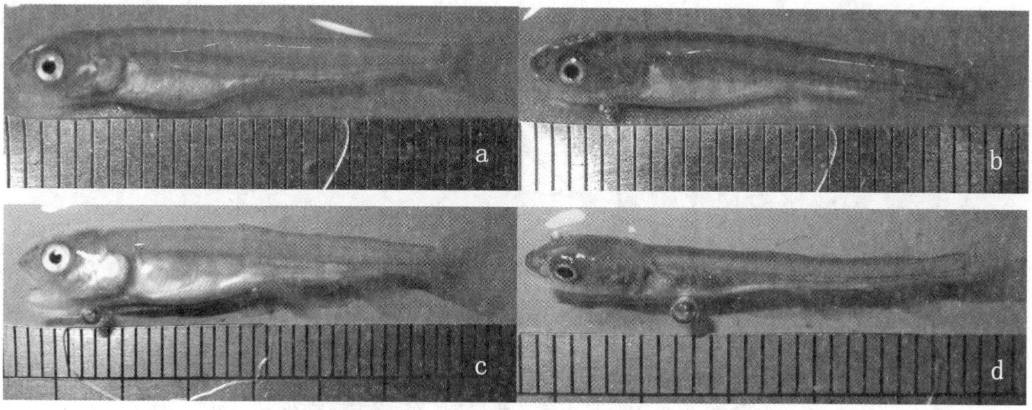

图 5-1　对照组和饥饿组仔鱼

说明：图中每小格代表 1 mm；a. 12 d 对照组仔鱼；
b. 12 d 饥饿组仔鱼；c. 24 d 对照组仔鱼；d.: 24 d 饥饿组仔鱼

5.2.2 饥饿对哲罗鲑仔鱼消化管组织学影响

5.2.2.1 食道

饥饿对食道、胃和肠的发育影响相对比较明显。如图 5-2 所示，对照组肌肉层、黏膜层和黏膜下层不断增厚，而饥饿组变化相对比较复杂，2 d 后饥饿组仔鱼食道段肌肉层厚 46.99±5.87 μm，试验持续 12 d 饥饿组肌肉层不断变厚，12～20 d 肌肉层厚度逐渐变薄，在 20～24 d 肌肉厚度变化不明显；饥饿组食道段黏膜层厚度在饥饿后 6 d 达到最大值 51.54±4.69 μm，在整个食道截面共分布黏液细胞 104～113 个，之后黏膜层厚度不断下降，第 8 天后饥饿组黏膜层下降不明显，此时黏膜层细胞不断萎缩，管腔逐渐变窄；饥饿组食道黏膜下层第 8 天达到最大值 84.88±9.67 μm，以后不断变薄，但变化不明显，第 24 天达到最小值 79.95±10.21 μm，此时黏膜下层由大量疏松结缔组织组成。图 5-5（1）为对照组第 24 天食道段横切，此时对照组食道由黏膜层、黏膜下层和肌肉层组成，并且各层结构十分完整；由图 5-2 可以此时饥饿组食道段肌肉层肌纤维呈疏松状，黏膜层大量的黏液细胞已破碎。

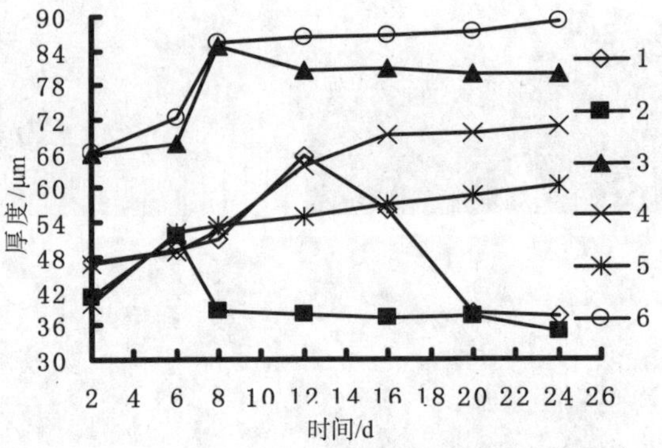

图 5-2　食道段肌肉层、黏膜层、黏膜下层变化

1.饥饿组肌肉层；2.饥饿组织黏膜层；3.饥饿组织黏膜下层；
4.对照肌肉层；5.对照黏膜层；6.对照黏膜下层

5.2.2.2 胃

如图 5-3 所示，对照组肌肉层和黏膜层都在不断加厚，前 12 d 对照组肌肉层厚度增速较快，此后虽不断增加，但增速较慢，试验结束时对照组肌肉层和黏膜层厚度分别为 53.99±3.12 μm 和 36.11±3.41 μm；饥饿组第 12 天肌肉层厚度达到最大值 51.50±2.97 μm，随着试验进行，肌肉层厚度不断降低，第 16 天肌肉层厚度降低速度明显变慢，此时黏膜层厚度达到最大值为 34.16±1.76 μm，以后随着饥饿时间延长，厚度不断降低。如图 5-3 所示，对照组褶皱高度前 12 d 增速很快此时达到 201.89±10.31 μm，此后虽不断增高，但增速相对较慢，试验结束时褶皱高达到 207.54±9.87 μm；饥饿组 12 d 胃部褶皱高度达到最大值 204.99±7.81 μm，15 ~ 21 d 褶皱高度降低速度较快，以后降低相对较慢，第 24 天（即孵化后 54 d）以后，饥饿组胃部肌肉层厚度、黏膜层厚度和褶皱高度最终达到最低分别为 42.22±5.39 μm、18.38±1.17 μm 和 150.21±12.39 μm。

如图 5-5（3）所示，此时胃部组织结构明显，由黏膜层、黏膜下层、肌肉层和浆膜层构成，黏膜层形成许多褶皱，黏膜层上皮有很多呈“M”形的胃小凹，宽约 7 μm，长约 24 μm，分布间距约 100 μm。黏膜下层分布大量胃腺，胃腺由一圈排列规则的腺细胞围成一个椭球形，中间为一透明的管腔，胃腺开口于胃小凹处，腺细胞呈矮柱状，细胞核为球形分布在细胞的底部，细胞内充满着色较深的酶原颗粒，核为圆形或椭圆形。第 16 天饥饿组胃肌纤维呈疏松状［图 5-5（4）］，黏膜上皮和黏膜下层变薄，黏膜上皮细胞高度下降，胃腺萎缩。图 5-5（5）所示，第 20 天饥饿组黏膜上皮细胞层进一步变薄，胃腺萎缩，相互间或外面的结缔组织膜间间隙增大，使该层疏松，酶原颗粒大大减少；24 d 胃腺结构严重破坏，表现为腺细胞萎缩，胃腺数量减少，并且排列杂乱，胃肌纤维疏松呈网状［图 5-5（6）］。

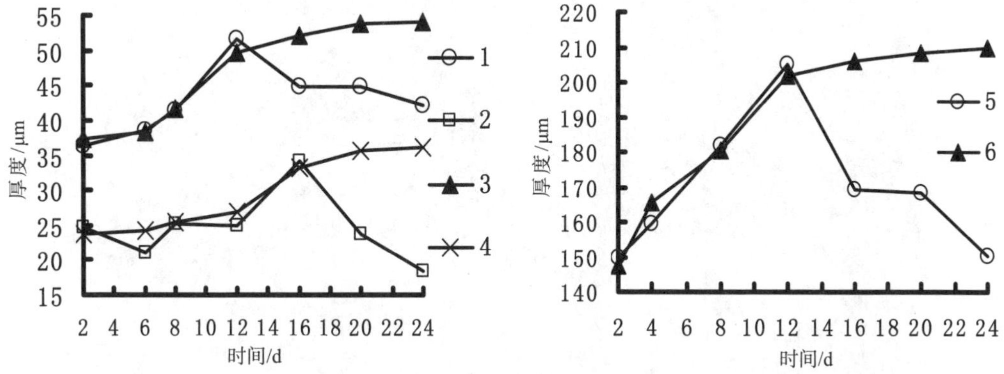

图 5-3　胃部肌肉层、黏膜层和褶皱高变化曲线

1：饥饿组肌肉层；2：饥饿组黏膜层；3：对照组肌肉层；

4：对照组黏膜层；5：饥饿组褶皱高；6：对照组褶皱高

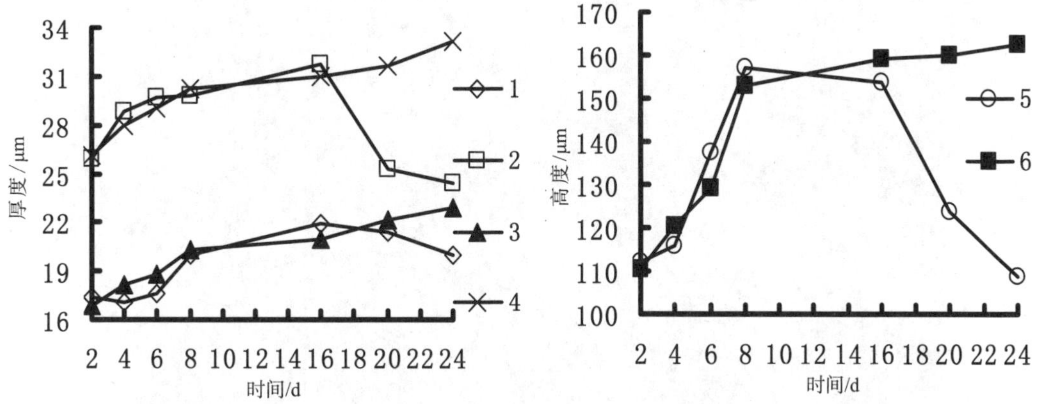

图 5-4　肠部肌肉层、黏膜层和褶皱高变化曲线

1.饥饿组肌肉层；2.饥饿组黏膜层；3.对照组肌肉层；

4.对照组黏膜层；5.饥饿组褶皱高；6.对照组褶皱高

5.2.2.3 *肠*

饥饿初期，肠组织结构完整［图 5-5（7）］。由图 5-4 可以看出对照组和饥饿组前 16 d 肠段肌肉层、黏膜层厚度变化基本无区别，而第 16 天后开始出现差异，此时对照组肌肉层和黏膜层仍在不断增厚，而饥饿组却出现变薄的趋势，饥饿组第 16 天肌肉层厚度达到最大值 21.96±2.11 μm，此后肌肉层变薄，此时黏膜层厚度已达到最大值 31.71±3.12 μm。随着试验进行，经胞质中嗜酸性颗粒减少，且疏松，瓣肠上皮细胞高度下降，并且黏膜层黏液细胞减少［图 5-5（8）］。图 5-4 可见第 12 天饥饿组黏膜层褶皱高度达到最大值 157.24±11.07 μm，此后由于肠的微绒毛有断裂，上皮细胞的高度下降，导致褶皱高度不断降低。饥饿 24 d 肌肉层厚度、黏膜层厚度和褶皱高度都达到最低值，分别为 20.00±4.14 μm、24.42±2.31 μm 和 108.85±11.12 μm，此时黏膜层破损，微绒毛不整齐，个别地方出现萎缩、断裂和脱落，并且上皮细胞间的黏液细胞个别出现破裂［图 5-5（9）］。

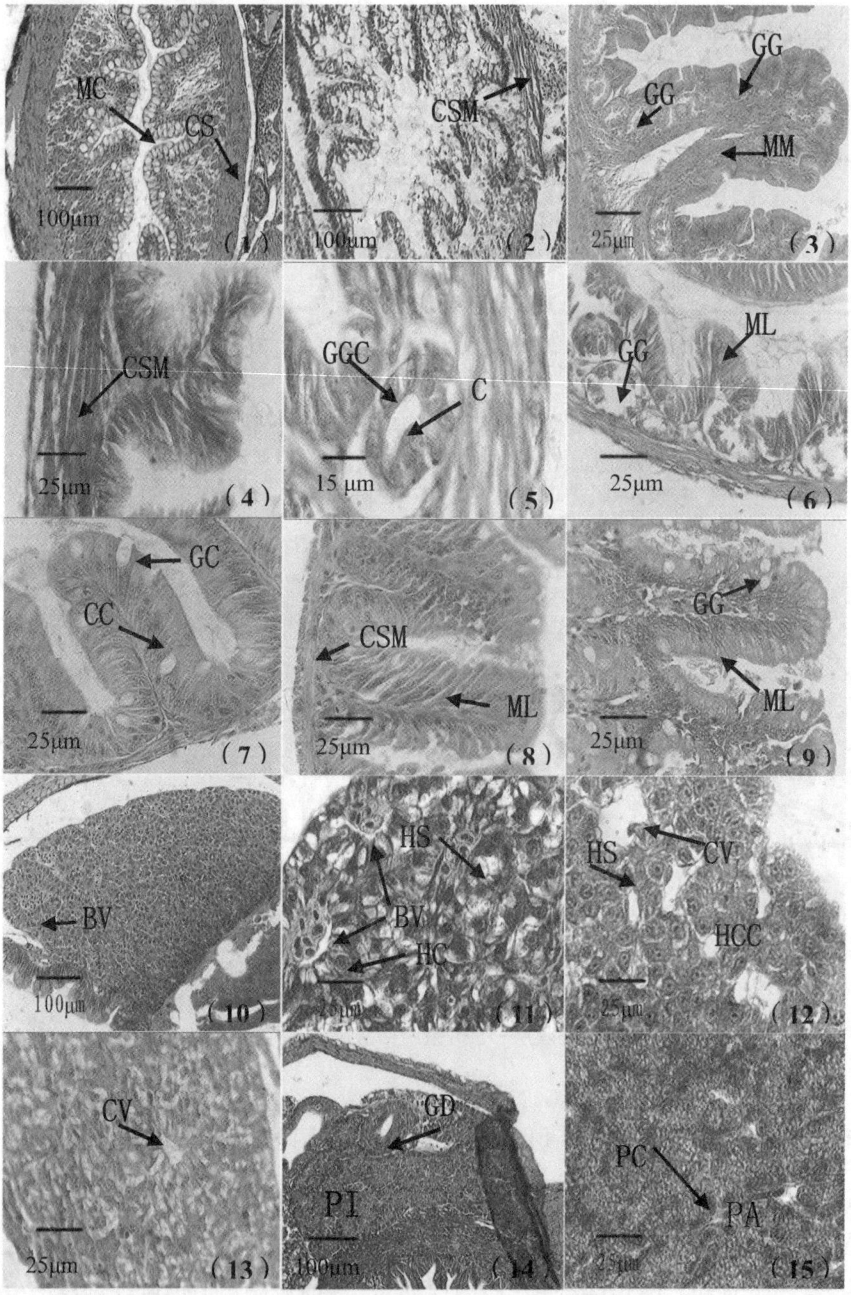

图 5-5　不同饥饿时间消化道组织结构变化

（1）第 24 天对照组食道横切，标尺 100 μm；（2）饥饿 24 d 食道横切，标尺 100 μm；（3）第 24 天对照组胃横切，标尺 25 μm；（4）饥饿 16 d 胃部肌肉层，标尺 25 μm；（5）饥饿 20 d 胃腺横切，标尺 15 μm；（6）饥饿 24 d 胃部横切，标尺 25 μm；（7）饥饿 8 d 肠横切，标尺 25 μm；（8）饥饿 20 d 肠横切，标尺 25 μm；（9）饥饿 24 d 肠横切，标尺 25 μm；（10）第 2 4 天对照组肝脏横切，100 μm；（11）饥饿 16 d 肝脏，标尺 25 μm；（12）饥饿 20 d 肝脏横切，标尺 25 μm；（13）饥饿 24 d 肝脏横切，标尺 25 μm；（14）饥饿 10 d 胰脏，100 μm 标尺；（15）饥饿 24 d 胰脏，标尺 25 μm。

CSM：环形肌肉；ML：黏膜层；GGC：胃腺细胞；C：胃腺腔；GG：胃腺；MC：黏液细胞；CC：柱状细胞或立方状细胞；GC：杯状细胞；BV：血管；HC：肝细胞；HS：肝血窦；CV：中央静脉；

HCC：肝细胞索；PI：胰岛；PC:胰腺细胞；GD：集合导管；PA：胰腺泡

5.2.2.4 肝脏

图 5-5（10）为对照组肝脏纵切，图中可见肝细胞排列致密，形成大量的肝细胞索，肝脏内血管丰富可见大量的肝血窦。饥饿 6 d 后，肝脏细胞质中 H.E.染色嗜碱性颗粒减少。饥饿 16 d 后，稚鱼的肝细胞缩小，两两排列成索状，索间有明显的窦状隙，胞质嗜碱性降低［图 5-5（11）］。饥饿 20 d 后，肝组织较为疏松，细胞索被破坏，断裂为一些短段［图 5-5（12）］。饥饿 24 d 时，肝细胞间的分界模糊，核仁萎缩或解体，偏向或附着在核膜上，导致部分核膜增厚，并使之空泡化［图 5-5（13）］。

5.2.2.5 胰脏

饥饿 10 d 仔鱼胰脏小叶分界明显，内有多个腺泡，且排列紧密，腺泡细胞椭圆形或矮柱状，泡质及腺泡腔内有一些 H.E.染色呈紫红色的分泌颗粒，此时胰岛和柱状细胞构成的集合导管清晰可见［图 5-5（14）］。饥饿 24 d 腺泡小叶收缩，腺泡萎缩，结构不典型，腺泡腔几乎消失［图 5-5（15）］。

5.3 讨论

5.3.1 饥饿对哲罗鲑仔鱼消化器官形态学影响

哲罗鲑仔鱼饥饿后外部形态以及消化器官形态发生明显变化，这与大多数硬骨鱼类研究相同。饥饿后哲罗鲑仔鱼头大身瘦，体色变黑，对外界刺激反映不敏感，集群性降低，这与 Macleod 对虹鳟（Macleod，1978）、Enrlich 对大西洋鲱（Enrlich et al., 1976）、宋兵等对杂交鲟（宋兵等，2004）等鱼类饥饿试验基本相似；饥饿过程中消化器官的外部形态变化主要表现在消化管长度发育降低，肝脏体积减小，这与美洲黄盖鲽（Maddock et al., 1994）和杂交鲟（高露姣等，2006）、南方鲇（宋昭彬等，2000）等硬骨鱼类研究相同。

5.3.2 饥饿对哲罗鲑仔鱼消化器官组织学影响

哲罗鲑仔鱼内源性营养阶段胃部肌肉层、黏膜层和褶皱高度都不断增加，此后开始减少，最后组织结构出现了萎缩和破坏等，可见饥饿对折罗仔鱼胃部影响显著。宋昭彬等认为南方鲶幼鱼在饥饿条件下胃部组织上发生了复杂变化（宋昭彬等，2000），Burnstock 研究发现饥饿对大鳞大麻哈鱼（*Oncorhynchus tschawytscha*）胃有显著影响

（Burnstock, 1959），而 Macleod 研究了饥饿对太平洋鲑（*Oncorhynchus oncorhynchus*）、迁徙虹鳟（*Salmo mykiss*）及非迁徙虹鳟（*Salmo mykiss*）胃的影响，发现太平洋鲑胃饥饿变化显著，而非迁徙虹鳟胃几乎无变化（梁利群等，2004），Yufera 等（Yufera et al., 1993）对美国红鱼进行了报道，研究发现饥饿在投喂美国红鱼胃肌肉层厚度与对照组无明显差异。以上结果的差异可能由于不同鱼胃部组织结构和体内储存能量物质不同从而导致对饥饿的耐受能力不同。

Ehrish 等对鲱鱼（*Clupea harengus*）和太平洋拟庸鲽（*Pleuronectes platessa*）饥饿过程的形态和组织学研究发现，肠上皮细胞高度和黏膜层厚度饥饿变化显著，可作为这两种鱼的营养状况的指示物（Enrlich et al., 1976）。Bishal 等研究了犬齿牙鲆（*Paralichthys dentatus*）在饥饿条件下的生化、形态和组织学变化（Bisal et al., 1995），他认为从方法可靠、简单且灵敏度高来考虑，组织学指标是鱼类营养状况的最好指示物，并建议将肠上皮细胞高度和黏膜层厚度作为犬齿牙鲆的营养状况指示物。哲罗鲑仔鱼胃部肌肉层厚度和黏膜层厚度在饥饿前 16 d 变化比较复杂，而胃部褶皱高度在饥饿前 12 d 呈现递增，当达到最大值 204.99±7.81 μm 后不断降低，而哲罗鲑仔鱼肠道黏膜层和肌肉层厚度，虽然在前 16 d 呈现略微增加而后不断降低，但变化幅度不大，而肠道褶皱高度在饥饿 12 d 达到最大值 157.24±11.07 μm 此后不断降低。从试验来看，哲罗鲑仔鱼胃部和肠道的肌肉层、黏膜层变化相对比较复杂且不明显，而褶皱高度变化稳定且敏感，故可将褶皱高度作为哲罗鲑仔鱼营养状况指示物。

在饥饿条件下鱼类对不同器官贮存能量的动用有选择性，因鱼的种类不同而异。已有的研究发现在饥饿过程中，肝细胞体积变小，这是因为鱼类在饥饿过程中动用肝脏脂肪作为能量（Macleod，1978; Bisal et al., 1995; Mehner et al., 1994）。Ehrlich 认为不同的鱼肝脏在能量贮存中所起的作用不同，在饥饿过程中肝脏的变化程度也不同，其饥饿过程中能量可能主要来源于其他器官的脂肪和蛋白质分解（Enrlich et al., 1976）。在试验中发现哲罗鲑仔鱼肝脏也出现了肝脏体积减小、肝细胞索破坏、肝细胞萎缩等现象，这与杂交鲟（宋兵等，2004）和金头鲷（Yufera et al., 1993）、河鲈（Mehner et al., 1994）、大西洋鳕（Kjrsvik et al., 1991）的报道十分相似，进而也说明肝脏为哲罗鲑较重要的能量贮存器官。

5.3.3 哲罗鲑投喂时间讨论

试验得出哲罗鲑仔鱼饥饿前 12 d 胃部，黏膜层、肌肉层褶皱高度都在不断增加，第 16 天以后胃部开始出现胃腺萎缩，黏膜上皮和黏膜下层变薄，黏膜上皮细胞高度下降等组织结构变化；肠段肌肉层和黏膜层厚度饥饿后第 16 天达到最大值，分别为 21.96±2.11 μm 和 31.71±3.12 μm，此后不断降低，饥饿后第 12 天黏膜层褶皱高度达到最大值 157.24±11.07 μm，此后由于肠的微绒毛有断裂，上皮细胞的高度下降，导致褶皱高度不断降低；肝脏饥饿后第 16 天出现明显变化。

由于哲罗鲑的胃和肠是消化和吸收营养物质的主要器官，在饥饿后 0～12 d 内胃和肠无组织学变化，因此认为在此阶段仔鱼摄食外源性营养后尚可以存活，即饥饿后 0～12 d 为哲罗鲑仔鱼可存活摄食时间；但哲罗鲑食道黏膜层饥饿后第 8 天出现明显细胞萎缩，官腔变窄，由于哲罗鲑为凶猛肉食性鱼类主要进食方式为吞食，虽然食道无吸收功能，但食道主要起到吞咽和输送食物的作用，所以为了保证哲罗鲑仔鱼能能够吞食大量食物，摄取足够营养物质，因此认为饥饿后 0～8 d 为哲罗鲑仔鱼最佳摄食时间。

第六章　哲罗鲑仔稚鱼的人工开口饵料投喂模式

哲罗鲑目前已经采取了一些有利的保护措施，如在江河、湖泊、水库中进行增殖。但是，增殖的前提条件是需要大量的苗种（Shiri Harzevili et al., 2003）。对哲罗鲑的保护工作需要采用遗传选育等措施防止种群基因同质化。徐伟等（2003）成功地进行了哲罗鲑人工繁育技术，然而，培育出来的仔鱼成活率较低，其范围是 47%～68%（徐伟等，2003）。

仔鱼营养由内源期转化为外源期时，面临着成活率低、个体间差异等级化、免疫力低下等问题。在此期间，活饵常被用来进行开口以提高仔稚鱼的生长和成活率（Kestemont et al., 2007）。淡水鱼仔鱼开口期常用的活饵主要有水蚤和水蚯蚓。徐伟等（2003）用活饵对 34～40 日龄（孵化后）的哲罗鲑仔鱼开口成功（徐伟等，2003）。然而，进行大规模苗种培育时，采用活饵进行投喂其劳动强度大，生产效率较低。鲑科鱼类很少使用活饵的原因是在仔鱼开口期间水温较低，野外的活饵很少，而且活饵不能满足仔鱼快速生长发育的能量需求（Higuera，2001; Ryan et al., 2007）。因此，研发出一种水稳定性好，易消化、吸收的开口饵料来替代活饵则显得十分必要（Jones et al., 1993）。用开口饵料完全替代活饵还可减少活饵的培育设施。同时，人工配合饲料可以满足仔鱼的能量需求并且可根据其口径大小制作出适宜的颗粒进行投喂。此外，人工配合饲料可以缩短仔鱼开口期的培育时间（Qin et al., 1997）。

本章的目的是结合前期的工作，实现哲罗鲑在开口期完全摄食人工配合饲料，且通过改进开口饵料来提高仔鱼的生长和成活率。研究的结果为哲罗鲑早期培育技术奠定基础。

6.1 材料和方法

6.1.1 试验设计和饲养条件

试验采取流水养殖方式。试验分为 3 个处理，每处理 5000 尾仔鱼（初重 0.11±0.01 g，孵化后 21 日龄）。试验分为配合饲料组（F）；混合投喂组（水丝蚓和配合饲料；C）；

活饵组（水蚤和水丝蚓；L）。各组的投喂策略见表 6-1。

表 6-1　哲罗鲑仔稚鱼的投喂策略

	组别 Groups		
	F	C	L
容积 Tank size（L）	500	500	500
密度 Density（larvae L^{-1}）	10	10	10
饵料 Food item	配合饲料	水蚤，水蚯蚓和配合饲料	水蚤和水蚯蚓
饵料转换时间 Feed transition form	配合饲料	23，28，35 日龄	23，28 日龄

试验水为涌泉水，水温 10.9 ~ 11.5℃，pH 7.1 ~ 7.3，氨氮<0.02 mg/L，溶氧（JPB-607 测定仪，中国上海，精度±0.03 mg/L）>6.0 mg/L，流速 1.5 L/s，自然光照，光周期为 15 h : 9 d，光照时间 6:00 ~ 18:00。饱食投喂 4 次（6:00、10:00、14:00、18:00）。养殖周期为 56 d。每天监测水质变化。

6.1.2 试验饲料

试验饲料配方和营养水平见表 6-2。原料过 60 目筛，充分混合均匀，然后，加入鱼油、磷脂、水，制粒（粒径 1.5 mm），风干，至水分为 8% ~ 10%后破碎，过筛分级成不同颗粒的粉料，置于-20℃保存。水蚤和水丝蚓从市场购买，用 2% NaCl 消毒，过筛绢，滤水后投喂。

表 6-2　哲罗鲑人工开口饵料配方　/%

原料 Ingredients	组成 Composition
鱼粉 White fish meal	50.0
大豆分离蛋白 Isolated soy protein	6.0
奶粉 Milk powder	10.0
血粉 Blood meal	10.0
磷脂 Soybean lecithin	2.5
鱼油 Fish oil	6.0
糊精 Dextrin	13.0
谷氨酰胺二肽 L-alanyl-L-glutamine	1.0
预混剂 Premix	1.5

注：预混剂 1.00%，包括：沸石 0.08%；胆碱 0.2%；氧化镁 0.2%；防霉剂 0.02%；复合维生素 0.3%；复合微量元素 0.2%。维生素包括：维生素 C 300 mg/kg；维生素 E 60 mg/kg；维生素 K_3 5 mg/kg；维生素 A 15 000 IU/kg；维生素 D_3 3000 IU/kg；维生素 B_1 15 mg/kg；维生素 B_2 30 mg/kg；维生素 B_6 15 mg/kg；维生素 B_{12} 0.5 mg/kg；烟酸 175 mg/kg；叶酸 5 mg/kg；肌醇 300 mg/kg；生物素 2.5 mg/kg；泛酸钙 50 mg/kg；微量元素包括：铁 25 mg/kg；锌 75 mg/kg；铜 3 mg/kg；锰 15 mg/kg；钴 0.05 mg/kg；碘 0.6 mg/kg；硒 0.1 mg/kg。

活饵和配合饲料采用 AOAC（1995）方法对干物质、粗蛋白、粗脂肪和灰分进行分析（AOAC，1995）。酸水解后，用日立 L-8900 氨基酸分析仪进行氨基酸分析，分析方法详见 Ma 等（2010）（Ma et al., 2010）。脂肪酸采用气相色谱仪进行分析，分析方法详见 Lee 等（2010）（Lee et al., 2010）。维生素 C 含量采用分光光度计法分析，700 nm 波长比色（Sönmez et al., 2005）。维生素 E 含量采用高效液相色谱仪分析（Zhou et al., 2004）。矿物质元素采用 ICP-MS（Xseries 2，Thermo Scientific，美国）分析（Zhou et al., 2004）。经过测定后，活饵和配合饲料的营养成分见表 6-3 ~ 6-6。

表 6-3　开口饵料的营养水平 /%

饵料 Diets	营养素 Nutrients			
	水分 Moisture	粗蛋白 Crude protein	粗脂肪 Crude lipid	灰分 Ash
水蚤 Water flea	84.35	57.64	16.12	21.66
水蚯蚓 Tubifex	83.88	62.22	22.82	4.28
配合饲料 Formulated feed	12.12	50.41	14.95	7.82

表 6-4　开口饵料的氨基酸组成分析 /%

氨基酸 Amino acids	水蚤 Water flea	水蚯蚓 Tubifex	配合饲料 Formulated feed
天门冬氨酸 Asparagine+Aspartic acid	4.15	4.22	4.63
苏氨酸 Threonine	2.43	2.73	1.92
丝氨酸 Serine	1.28	3.16	2.72
谷氨酸 Glutamine+Glutamic acid	5.37	5.09	3.82
甘氨酸 Glycine	2.43	2.54	3.25
丙氨酸 Alanine	3.00	3.23	3.95
半胱氨酸 Cysteine	0.38	0.50	0.98
缬氨酸 Valine	2.62	2.98	3.18
蛋氨酸 Methionine	1.47	2.54	1.06
异亮氨酸 Isoleucine	2.17	2.67	1.82
亮氨酸 Leucine	4.09	4.09	4.93
酪氨酸 Tyrosine	2.49	2.98	1.42
苯丙氨酸 Phenylalanine	2.24	3.78	2.21
赖氨酸 Lysine	3.58	2.67	3.92
组氨酸 Histidine	0.77	0.59	1.58
精氨酸 Arginine	2.88	2.85	2.85
脯氨酸 Proline	1.66	2.36	2.96
必需氨基酸 EAA	22.24	24.41	23.46
总氨基酸 TAA	43.00	48.98	47.20

表 6-5　开口饵料的脂肪酸组成分析　/%

脂肪酸 Fatty acids	水蚤 Water flea	水蚯蚓 Tubifex	配合饲料 Formulated feed
14:0	1.34	2.48	1.30
15:0	0.89	0.68	0.05
16:0	6.52	3.85	3.01
17:0	0.64	0.56	0.32
18:0	2.68	1.24	0.57
20:0	0.13	0.19	0.06
14:1	0.70	0.87	0.33
16:1	1.66	1.43	1.55
18:1	3.70	3.46	1.02
18:2n-6	1.41	3.78	0.19
20:4n-6	0.77	3.16	0.10
18:3n-3	2.49	1.30	0.36
18:4n-3	0.19	0.12	0.01
20:5n-3	0.73	1.92	1.55
22:6n-3	0.42	0.50	1.96
未知 Unidentified	0.19	0.31	0.02
饱和脂肪酸∑SFA	12.20	9.00	5.31
单不饱和脂肪酸∑MUFA	6.06	5.76	2.89
多不饱和脂肪酸∑PUFA	6.01	10.78	5.24

表 6-6　开口饵料的维生素和矿物质组成分析　/（mg/kg）

项目 Items	水蚤 Water flea	水蚯蚓 Tubifex	配合饲料 Formulated feed
钾 Potassium	11 759.23	6 886.60	6 420.43
钠 Sodium	3 995.40	2 420.66	4 610.35
钙 Calcium	58 475.02	14 798.45	20 110.32
磷 Phosphorus	59 817.38	12 744.29	15 310.65
镁 Magnesium	654.25	396.02	3 500.31
铜 Copper	3.96	3.60	8.34
锌 Zinc	20.19	17.74	80.72
碘 Iron	34.25	42.02	35.32
锰 Manganese	8.43	5.99	30.11
硒 Selenium	0.06	0.05	0.31
抗坏血酸 Ascorbic acid	310.29	224.07	142.23
生育酚 Alpha-tocopherol	205.18	175.87	60.18

6.1.3 数据处理和分析

养殖试验期间，每 14 d 对鱼体进行称重。试验结束后，每重复随机取 50 尾测定体重和叉长。增重率（WGR）、特定生长率（SGR）、成活率（SR）和肥满度（CF）计算如下：

增重率（Weight growth rate，WGR，%）=100×（Wt-W_0）/W_0；

特定生长率（Specific growth rate，SGR，% d）=100×（lnWt-lnW_0）/ t；

成活率（Survival rate，SR，%）=100×Nf/Ni；

肥满度（Condition factor，CF）=100×（Wt/L^3）。

式中：W_0为初重（g）；Wt 为终重（g）；Nf 为终末尾数；Ni 为初始尾数；t 为饲养时间（d）；L 为叉长。

数据整理使用 Microsoft Excel 2003 进行，数据以平均值±标准差（Mean ± SD）表示，用统计软件 SPSS for Windows 19.0 进行单因素方差分析（One-way ANOVA）和 Duncan’s 多重比较，显著性水平 P 值为 0.05。以 Sigma Plot 12.5 软件进行绘图。

6.2 结果

6.2.1 仔鱼摄食行为

刚孵出的仔鱼保持相对不动的状态，且分布在平列槽底部。仔鱼孵化后 20 d 时开始上浮。此后一般在 3 d 内开始摄食（L 组和 C 组）。在配合饲料处理组中，仔鱼上浮后 7 d 内一直使用粉料进行投喂（F 组）。20 d 后，各处理组仔鱼摄食活跃。当投喂配合饲料时，仔鱼从平列槽底部上浮。45 日龄时，80%以上的仔鱼开始摄食粉料或活饵。

6.2.2 生长性能

本试验结果显示，仔鱼可用配合饲料直接进行开口。如图 6-1 所示，仔鱼在 34 日龄时，F 组的增重率（WGR）显著低于 C 组和 L 组（$P<0.05$）。稚鱼在 48 日龄时，F 组的增重率显著高于 C 组，但显著低于 L 组（$P<0.05$）。稚鱼在 62 日龄时，F 和 L 组之间的增重率无显著差异（$P>0.05$）。稚鱼在 76 日龄时，各处理组之间的增重率差异显著（$P<0.05$），F 组达最大值，L 组增重率最低。

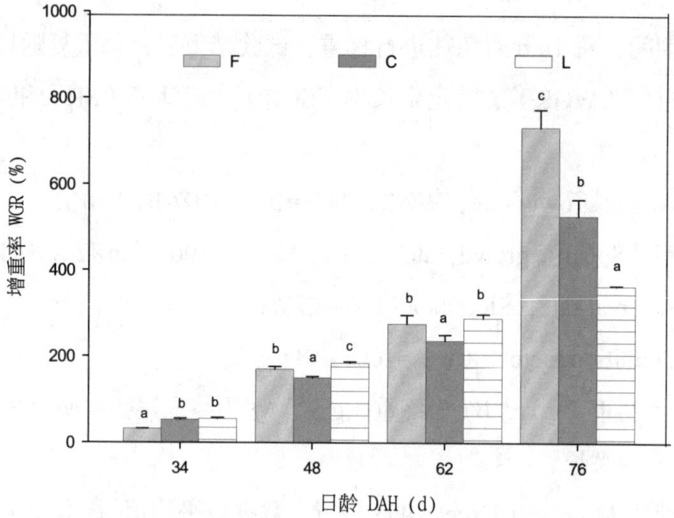

图 6-1　不同投喂策略对哲罗鲑增重的影响

表 6-7　哲罗鲑不同投喂策略下生长性能比较

组别 Groups	初重 IBW /g	末重 FBW /g	特定生长率 SGR /（% d^{-1}）	成活率 SR /%	肥满度 Condition factor
F	0.11±0.01	$0.93±0.04^{c}$	$3.78±0.09^{c}$	0.90±0.05	$0.86±0.05^{c}$
C	0.11±0.02	$0.71±0.04^{b}$	$3.27±0.11^{b}$	0.87±0.08	$0.76±0.01^{b}$
L	0.12±0.01	$0.55±0.02^{a}$	$2.74±0.01^{a}$	0.89±0.01	$0.65±0.10^{a}$

注：同列肩注含有不用字母表示差异显著（$P<0.05$）。

76 日龄稚鱼特定生长率（SGR），成活率（SR）和肥满度（CF）的试验结果见表 6-7。F 组肥满度最大，C 组最低（$P<0.05$）。F 组特定生长率最高，而 L 组特定生长率最低（$P<0.05$）。各处理组间的成活率均无显著差异（$P>0.05$）。

6.3 讨论

本研究表明，哲罗鲑仔鱼在开口期可完全用人工配合饲料进行饲喂，且生长性能较好。以往的研究表明，哲罗鲑不能用人工配合饲料进行开口或即使采用人工配合饲料进行饲喂其生长性能低下（徐伟等，2003; Jungwirth，1979; Skalin，1983）。哲罗鲑仔鱼比虹鳟摄食缓慢，在开口期常会因为摄食不足而引起成活率下降（徐伟等，2003）。Jungwirth（1979）研究表明，多瑙河哲罗鲑（*Hucho hucho*）如果完全采用人工饲料对开口仔鱼进行饲喂时，死亡率达 100%（Jungwirth，1979）。Skalin（1983）研究也发现用人工饲料进行饲喂多瑙河哲罗鲑其生长性能低于活饵投喂组（Skalin，1983）。本研究发现，哲罗鲑仔鱼（34 日龄）培育前期时，人工配合饲料组增重率显著低于活饵组（图 6-1）。一般认为，人工配合饲料可能缺乏某些营养因子或者其物理特性不能满足早期仔鱼的消化和吸收特性（Hamre et al., 2013; Rønnestad et al., 2013）。用配合饲料逐渐取代活饵的混合投喂方式可以提高仔鱼的生长和成活率（Chang et al., 2006）。例如，军曹鱼（Dierckens et al., 2010）、金目鲈（*Lates calcarifer*）（Curnow et al., 2006）、狼鲈（Rosenlund et al., 1997）、金头鲷（Rosenlund et al., 1997）和冬鲽（*Pseudopleuronectes americanus*）（Ben Khemis et al., 2003）等均可采用混合投喂方式对开口期仔鱼进行饲喂。然而，本研究表明，依赖这种混合投喂的饲喂方式减缓哲罗鲑早期（48 ~ 62 日龄）的生长（图 6-1）。因此，哲罗鲑仔鱼开口期若采用混合投喂的饲喂方式可能会影响仔稚鱼对人工配合饲料的适应。

与其他鲑科鱼类相似的是，哲罗鲑仔鱼由内源性营养转换成外源性营养期时，其消化系统已经发育完善，可以有效地摄食人工配合饲料（Govoni et al., 1986）。哲罗鲑仔鱼开口期最初的 14 d 中，单独摄食人工配合饲料时，其增重率较低（图 6-1），这表明人工配合饲料的诱食性和消化性可能不如活饵，因此，本研究的人工配合饲料还不能完全满足哲罗鲑开口初期仔鱼的营养需求，下一步需要研究营养更为均衡、诱食性更强的开口饵料。在 48 ~ 76 日龄时，饲喂人工配合饲料的哲罗鲑其生长性能较好，可能的原因是人工配合饲料的营养水平较活饵要均衡、充足，而且活饵的营养成分很难做出调整，能量水平较低（Rønnestad et al., 1999）。

本试验结果显示，活饵水蚤和水蚯蚓富含蛋白质、n-3 脂肪酸、维生素 C、维生素 E 和矿物质元素（见表 6-3 ~ 6-6）。与鱼类营养需求量进行比较（NRC，2011），可以推测哲罗鲑仔稚鱼在生物的进化中对活饵产生适应，因此其营养需求量较高（Dierckens et al., 2010）。然而，与鱼类营养需求量比较发现，水蚤和水蚯蚓其氨基酸比例并不平衡（NRC，2011）。水蚤和水蚯蚓中的组氨酸比较缺乏，这也可能是哲罗鲑仔鱼的第一限制氨基酸。水蚤和水蚯蚓中的硒含量也低于鱼类营养需求量（NRC，2011）。因此，这可能是导致活饵组哲罗鲑稚鱼后期（48 ~ 76 日龄）生长性能显著低于人工配合饲料组的原因之一。此外，饲料消化和吸收似乎不通过总脂肪含量进行调节，而取决于脂肪源和脂肪酸组成。人工配合饲料含有相对较高的 n-3 多不饱和脂肪酸（HUFAs），且 22:6n-3（十二碳六烯酸，DHA）、20:5n-3（二十碳五烯酸，EPA）和 DHA / EPA 比例较高（见表 6-5），脂肪含量较水蚤和水蚯蚓较低（见表 6-3）。在开口初期时（21 ~ 34 日龄），人工配合饲料组哲罗鲑的生长性能并不占优势，但后期（48 ~ 76 日龄）生长性能最好。Cahu & Zambonino（2001）认为，仔稚鱼随着生长发育的进行有着不同的消化和吸收特点，其营养需求机制也发生变化（Cahu et al., 2001）。

配合饲料的诱食性和适口性受其有关属性的影响，其中包括饲料的气味、味道、品质和漂浮性（Ljunggren et al., 2003）。漂浮性饲料对哲罗鲑仔鱼投喂具有重要意义。这与其他鲑科鱼类如虹鳟有所不同。这种特性可能与其驯化时间短，还不能适应培育环境有关。另外，谷氨酰胺二肽（L-AG）对哲罗鲑开口期仔鱼的营养补充具有重要作用。类似的研究结果如水解蛋白（Espe et al., 2012）和微颗粒饲料（Conceição et al., 2010）等均可能有效解决仔鱼开口饵料的瓶颈。已有研究表明，哲罗鲑仔鱼（20～40 日龄）其肠道消化酶活性较弱，饲料中添加谷氨酰胺二肽（L-AG）可有效增强蛋白酶、脂肪酶、淀粉酶和 Na^{+}-K^{+} ATP 酶活性（徐奇友等，2010）。因此，L-AG 作为营养添加剂可提高哲罗鲑开口期仔鱼的消化功能。

总之，本试验结果说明哲罗鲑仔鱼在开口期可完全用人工配合饲料进行饲喂，且生长性能较好。谷氨酰胺二肽（L-AG）在开口期作为营养添加剂其营养作用明显。

第七章　养殖方式、光照强度对哲罗鲑稚鱼生长与存活的影响

稚鱼期处于转饵期或刚完成转饵过渡，是身体最脆弱、病害最易发、死亡率最高的阶段，养殖方式与光照强度是哲罗鲑养殖过程中重要的生态因子，养殖方式和光照强度的也是影响投喂模式的重要环节，因此，研究养殖方式、光照强度对哲罗鲑稚鱼生长与存活无疑具有重要意义。本章研究采用生态学方法，研究了二者对哲罗鲑稚鱼生长与存活的影响，为哲罗鲑投喂模式的建立提供依据。

7.1 材料与方法

试验在黑龙江水产研究所渤海冷水性鱼试验站进行，试验用哲罗鲑稚鱼于 2012 年 4 月经全人工繁育获得。

7.1.1 养殖方式对哲罗鲑稚鱼生长与存活的影响

养殖方式试验所用稚鱼 30 日龄，此时稚鱼处于人工驯化饲养阶段（即转饵期）。选取健壮无伤、大小基本一致的个体进行试验，试验鱼初始规格为体长 3.25±0.30 cm，体重 0.247±0.030 g。养殖方式包括室内塑料桶静水养殖方式（以下简称室内静水组，用 IL 表示）、室内平列槽流水养殖方式（以下简称室内流水组，用 IR 表示）、室外平列槽流水养殖方式（以下简称室外流水组，用 OR 表示），室内静水组养殖容器为 25 L 的蓝色塑料桶，采用静水养殖方式进行养殖，每天换水 5～6 次，试验期间足量充气，溶氧保持在 6 mg/L 以上，水深控制在 25～28 cm，密度为 5 ind./L；1 个月后将密度调整为 2.3 ind./L。试验设置 3 个重复，试验前 1 个月投喂全价配合饲料 6 次/d，每次投喂之前换水 1 次以清除残饵及代谢产物，1 个月后当体重到 1 g 以上时改为 4 次/d。每天早晚彻底清洗养殖容器 1 次并记录试验组鱼体状态及死亡情况，每天早中晚各记录水温 1 次，每 10 d 用 1%～2%的 NaCl 消毒 1 次并测量生长数据，整个试验期间不定期测定溶氧等水质指

标 4 次，试验进行 60 d。室内流水组养殖容器为平列槽，规格为 51 cm×41.5 cm×22.5 cm，水体流量为 2～4 min/量程，其他同室内静水组。室外流水组养殖容器同室内流水组，所用流水系统的水流量大小为 0.3～0.4 m^3/s，为防止光照过强，平列槽上方盖一层 8 目绿色防逃网，其他同室内静水组。

7.1.2 光照强度对哲罗鲑稚鱼生长与存活的影响

光照试验设置 3 个光强梯度，黑暗组（B）、对照组（C）和光照组（L）。试验均在遮光的孵化大棚内进行，黑暗组采用不透明的 PVC 板遮住养殖容器，对照组采用大棚内自然光，光照组为在养殖容器上方约 50 cm 处添加 1 个 60 W 的白炽灯，昼夜节律控制为 12L:12D，具体光强参数见表 7-1。

表 7-1　各组光强参数值

参数	组别		
	黑暗组	对照组	光照组
光强范围 /lx	0—0	17.36～44.60	113.6～243.1
光强均值 /lx	0	27.07±11.98	187.03±61.47
对数值	0	1.43	2.77

光照试验稚鱼培育采用室内平列槽流水养殖方式，每个平列槽随机放养相似规格哲罗鲑稚鱼 50 尾，试验期间日投喂全价配合饲料 4 次，以鱼饱食基本无剩余为标准投喂，试验期间水温为 10.30～14.45℃，溶氧为 6.27～7.80 mg/L，其他同试验 7.1.1。

7.1.3 数据处理

使用 SPSS16.0 对数据进行统计分析，Excel 作图，参照殷名称（1995）方法，试验鱼各指标计算公式如下:

肥满度（F_C）： $F_C=\frac{W}{L^3}\times 100\%$；

特定生长率（R_{SG}）： $R_{SG}=\frac{\ln W_2-\ln W_1}{t_2-t_1}\times 100\%$；

生长比速（C_v）： $C_v=\frac{\lg L_2-\lg L_1}{0.4343(t_2-t_1)}$；

生长常数（C_{vt}）： $C_{vt}=C_v\times\frac{t_2+t_1}{2}$；

生长指标（C_{Lt}）： $C_{Lt}=C_v\times L_1$；

变异系数（Vc）：$V_C = \frac{D_S}{X} \times 100\%$；

体长与体重关系式：$W = aL^b$。

式中：W 为体重（g），L 为体长（cm）；W_1、W_2 和 L_1、L_2 分别为时间 t_1、t_2 时的体重（g）和体长（cm），DS 是标准差，X 是平均体重，a 和 b 是常数。

7.2 结果与分析

7.2.1 养殖方式对哲罗鲑稚鱼生长与存活的影响

7.2.1.1 试验期间各组水温及水质状况

整个试验过程中 3 种养殖方式的水温变化趋势基本一致，各组水温以室内静水组为最高，其次为室内流水组，室外流水组最低。统计分析表明 3 种养殖方式水温之间的差异达到显著水平（$P<0.05$）。3 种养殖方式的溶氧也以室内流水组为最高（$P<0.05$），平均溶氧量均高于 7.36 mg/L，其他两种养殖方式的溶氧量相对较低，但均在 6 mg/L 以上，属哲罗鲑正常需氧量的范围（徐伟等，2007）。

7.2.1.2 养殖方式对哲罗鲑稚鱼存活的影响

不同养殖方式对哲罗鲑稚鱼存活的影响见表 7-3。从表中可以看出，试验开始前 20 d 各组死亡率均较高，但随试验的进行死亡率逐渐降低，说明转饵阶段是哲罗鲑稚鱼的高死亡期，驯养完成后随稚鱼体长与体重的增加鱼体生理状况得到恢复，抗逆性增强，存活率逐渐升高。比较而言，试验开始前 20 d，室内流水组的存活率较高为 75.7%，室内静水组和室外流水组的存活率较低，统计分析表明室内流水组与室内静水组存活率差异显著（$P<0.05$）。这可能是由于哲罗鲑稚鱼孵化后一直采用室内流水培育方式养殖，加上试验开始时试验鱼处于饲料转换时期，体质较弱，对外界环境因子的变化较敏感，因而鱼体需要一定时间以适应养殖方式的转变。

表 7-2 3 种养殖方式的溶氧状况

组别	溶氧量 /（mg/L）				平均值
	第一次测量	第二次测量	第三次测量	第四次测量	
室内静水组	8.47 ± 0.41^a	8.50 ± 0.03^a	8.05 ± 0.22^a	7.36 ± 0.60^a	8.10 ± 0.53^a
室内流水组	6.54 ± 0.16^b	7.80 ± 0.10^b	6.77 ± 0.01^b	6.27 ± 0.15^b	6.85 ± 0.67^b
室外流水组	6.34 ± 0.07^b	6.24 ± 0.04^c	6.47 ± 0.05^c	6.44 ± 0.03^b	6.37 ± 0.10^b

同列中具有相同字母者表示差异不显著（$P>0.05$），具有不同字母者差异显著（$P<0.05$）。

表 7-3　3 种养殖方式下哲罗鲑稚鱼不同时期的存活率　/%

时间	试验组/%		
	室内静水组	室内流水组	室外流水组
6 月 30 日—7 月 23 日	44.78±22.19[b]	75.50±5.50[a]	45.33±9.82[ab]
7 月 23 日—8 月 12 日	93.33±7.64[a]	96.67±2.22[a]	95.56±2.22[a]
8 月 13 日—8 月 30 日	98.19±1.59[a]	99.23±0.66[a]	98.06±1.34[a]

同行中具有相同字母者表示差异不显著（$P>0.05$），具有不同字母者差异显著（$P<0.05$）。

7.2.1.3 养殖方式对哲罗鲑稚鱼体长、体重及肥满度的影响

随试验的进行，哲罗鲑稚鱼体长、体重的生长表现出明显的差异。从表 7-4 可以看出，室内静水组体长、体重均生长较快，单因素方差分析显示，养殖方式对哲罗鲑稚鱼的体长、体重生长的影响达到显著水平（$P<0.05$）。原因可能在于：①哲罗鲑有逆水游泳的习性，流水养殖条件下，哲罗鲑摄入的能量除用于体长、体重的生长外，一部分能量将作为逆水游动过程中的耗能，而静水养殖时则避免了这方面的能量消耗；②流水养殖条件下水温受气温影响较小并保持相对稳定，而静水养殖条件下水温受室温的影响较大并保持相对较高，因而生长较快（图 7-1）；③野生哲罗鲑常年生活中水质清澈、溶氧丰富的泉水或溪流中，对溶氧的要求特别高，本研究中室内静水组通过外源供氧装置保证了充足的溶氧（表 7-1），因而生长速度较快。

肥满度反映体长与体重之间的关系，常用来衡量鱼体丰满程度及营养状况，鱼的肥满度随气候、饵料条件以及鱼体自身因素和生长阶段而变化（殷名称，1995）。从表 7-4 可以看出，试验开始时肥满度较高，但试验开始后 22 d 开始下降，继而随着试验的进行逐渐升高，原因可能是由于试验开始前稚鱼以水蚤和水丝蚓开口，此时鱼体生长状况良好、肥满度较高，试验开始后稚鱼开始进入饵料转换期，改投人工配合饲料，需要一定的驯化适应时间，因而导致鱼体相对较瘦，肥满度较低，经过一定时间的驯养，稚鱼生理状况得到恢复并逐渐加强，肥满度稳步升高。试验结束时各组的肥满度以室内静水组为最高，为 0.77，统计分析表明，室内静水组与室外流水组差异达到显著水平（$P<0.05$）。

试验结束时 3 种养殖方式下哲罗鲑稚鱼体长与体重的关系符合 $W=aL^b$，关系式分别为: $WIL=0.0117L^{2.7946}$（$R^2=0.9183$），$WIR=0.0136L^{2.7093}$（$R^2=0.9275$），$WOR=0.0100L^{2.8286}$（$R^2=0.9472$），式中 b 值均接近 3，说明试验阶段哲罗鲑稚鱼的生长为匀速生长（殷名称，1995）。

7.2.1.4 养殖方式对哲罗鲑稚鱼特定生长率的影响

特定生长率是衡量鱼体生长状况的一个常用指标，值越大说明体重的日增长越快。试验期间哲罗鲑稚鱼特定生长率的变化幅度为 1.37 ~ 7.05，最高值出现在 7 月 23 日的室

内静水组，最低值出现在 7 月 13 日的室外流水组，同一组内不同时间的特定生长率大小没有什么规律性（表 7-5）。3 种养殖方式哲罗鲑稚鱼特定生长率的平均值分别为 4.65、4.36、3.68，单因素方差分析结果显示，养殖方式对哲罗鲑稚鱼特定生长率的影响达到极显著水平（$P<0.01$）。

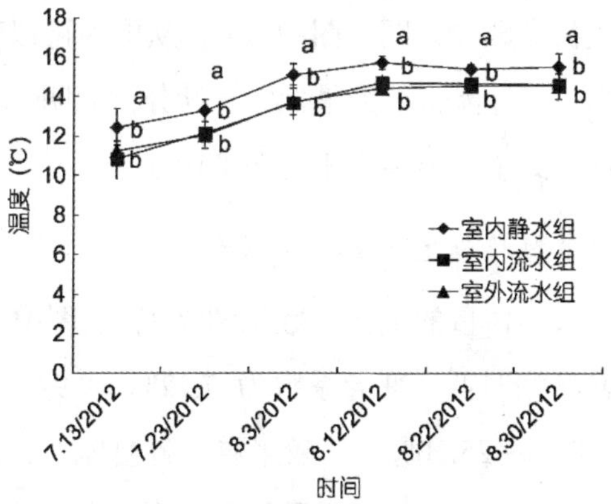

图 7-1　3 种养殖方式水温的变化

图中所示英文字母表示差异显著（$P<0.05$），下同

表 7-4　3 种养殖方式下哲罗鲑稚鱼各生长指标的变化

参数	养殖方式	时间					
		6 月 30 日	7 月 23 日	8 月 12 日	8 月 30 日	绝对生长	相对生长/%
体长/cm	室内静水组	$3.25±0.30^a$	$4.97±0.49^a$	$6.77±0.43^a$	$8.45±0.61^a$	$5.18±0.18^a$	$159.65±6.10^a$
	室内流水组	$3.25±0.30^a$	$4.79±0.45^a$	$6.35±0.50^b$	$7.97±0.61^b$	$4.72±0.20^b$	$145.13±7.73^b$
	室外流水组	$3.25±0.30^a$	$4.41±0.40^b$	$5.64±0.48^c$	$7.05±0.56^c$	$3.76±0.11^c$	$115.57±2.54^c$
体重/g	室内静水组	$0.247±0.030^a$	$0.85±0.26^a$	$2.20±0.45^a$	$4.61±1.02^a$	$4.37±0.24^a$	$1792.91±319.01^a$
	室内流水组	$0.247±0.030^a$	$0.78±0.24^a$	$1.90±0.42^b$	$3.83±0.88^b$	$3.59±0.28^b$	$1466.86±215.08^a$
	室外流水组	$0.247±0.030^a$	$0.54±0.18^b$	$1.26±0.35^c$	$2.55±0.64^c$	$2.26±0.15^c$	$919.89±92.01^b$
肥满度/%	室内静水组	$0.72±0.09^a$	$0.64±0.09^a$	$0.69±0.07^a$	$0.77±0.02^a$	—	—
	室内流水组	$0.72±0.09^a$	$0.66±0.11^a$	$0.72±0.06^{ab}$	$0.76±0.01^{ab}$	—	—
	室外流水组	$0.72±0.09^a$	$0.57±0.09^a$	$0.67±0.07^b$	$0.72±0.01^b$	—	—

同列中具有相同字母者表示差异不显著（$P>0.05$），具有不同字母者差异显著（$P<0.05$）。

表 7-5　3 种养殖方式下哲罗鲑稚鱼的特定生长率　　/%

组别	时间						平均值±标准差
	7 月 13 日	7 月 23 日	8 月 3 日	8 月 12 日	8 月 22 日	8 月 30 日	
室内静水组	$3.54±1.03^a$	$7.05±1.05^a$	$6.76±0.40^a$	$2.34±0.65^a$	$4.36±1.16^a$	$3.79±0.99^a$	$4.65±0.26^a$
室内流水组	$4.42±0.93^a$	$4.85±0.66^a$	$5.34±1.04^a$	$3.37±1.59^a$	$4.24±1.26^a$	$3.51±0.15^a$	$4.36±0.21^a$
室外流水组	$1.37±0.42^b$	$5.67±1.45^a$	$5.61±2.15^a$	$2.51±1.35^a$	$3.77±1.50^a$	$4.09±0.98^a$	$3.68±0.15^b$

1. 特定生长率平均值是以试验开始与结束时的体重计算得到的;
2. 同列中具有相同字母者表示差异不显著（$P>0.05$），具有不同字母者差异显著（$P<0.05$）。

7.2.1.5 养殖方式对哲罗鲑稚鱼生长常数与生长指标的影响

研究鱼类生长速度时，常用生长比速比较之，有学者认为利用生长常数与生长指标可划分鱼的生长阶段与生长强度，鱼类不同生长阶段的生长常数通常不同，而同一生长阶段生长常数则往往比较接近（殷名称等，1995）。本研究以各组试验鱼开始与结束时的体长计算了各组体长生长参数并作图（图 7-2），从图中可以看出，各组体长生长参数均以室内静水组为最高，室外流水组为最低，统计分析表明，养殖方式对哲罗鲑稚鱼体长各生长参数的影响均达到了极显著水平（$P<0.01$）。

7.2.1.6 养殖方式对哲罗鲑稚鱼生长离散的影响

试验开始与结束时体长、体重的变异系数见图 7-3，从图中可以看出 3 种养殖方式下体长变异系数均较试验开始时低，变异系数为 7.22%～7.94%，而体重变异系数较开始时高，变异系数为 22.13%～25.10%。比较来看，各组体长、体重的变异系数均以室内静水组为最低，室外流水组为最高，经无重复双因素方差分析表明，养殖方式对哲罗鲑稚鱼体长及体重变异系数的影响不显著（$P>0.05$），养殖时间对哲罗鲑稚鱼体长及体重变异系数的影响达到极显著水平（$P<0.01$）。

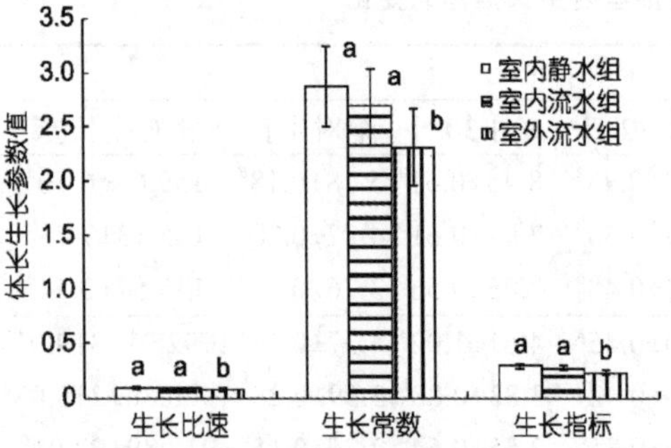

图 7-2　3 种养殖方式下哲罗鲑稚鱼体长生长参数

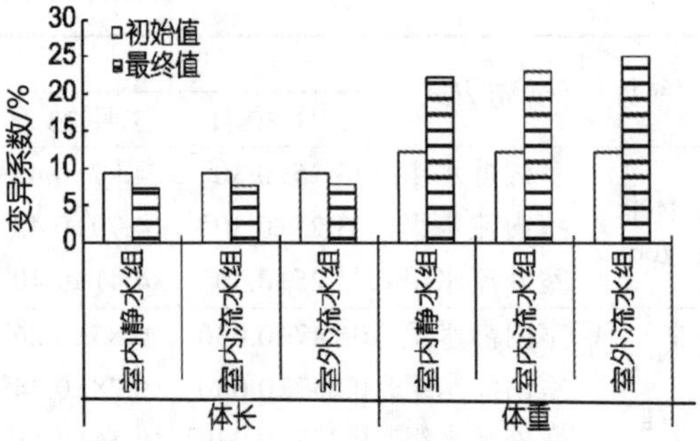

图 7-3　3 种养殖方式下哲罗鲑稚鱼体长、体重的变异系数

7.2.2 光照强度对哲罗鲑稚鱼生长、存活的影响

7.2.2.1 光照强度对哲罗鲑稚鱼存活的影响

整个试验期间，各光照组哲罗鲑稚鱼的存活率均较高，总存活率均高于 91.33%，原因可能是由于试验鱼初始规格相对较大（表 7-7），整个试验过程中严格控制水质情况（溶氧控制在 6 mg/L 以上），每天早晚及投喂前均彻底清污，定期消毒，加上饲料营养全面，水温相对较低（10.30～14.45℃），不易感染疾病的缘故。比较来看，各试验组的总存活率随光照强度的增加而升高（表 7-6），这可能是由于适量的光照有利于维持哲罗鲑稚鱼正常的摄食与集群行为。单因素方差分析表明，光照强度对哲罗鲑稚鱼

存活率的影响不显著（$P>0.05$）。

表 7-6　不同光照强度下哲罗鲑稚鱼的存活率　　/%

时间	组别		
	黑暗组	对照组	光照组
9 月 5 日—10 月 5 日	93.33±8.33[a]	99.33±1.16[a]	99.33±1.16[a]
10 月 6 日—11 月 4 日	97.67±2.52[a]	96.67±2.31[a]	99.33±1.16[a]
总存活率	91.33±9.87[a]	96.00±3.46[a]	98.67±1.15[a]

1. 总存活率为试验结束时各组的鱼存活数与试验开始时的放养数的百分比;
2. 同行中具有相同字母者表示差异不显著（$P>0.05$），具有不同字母者差异显著（$P<0.05$）。

7.2.2.2 光照强度对哲罗鲑稚鱼体长、体重及肥满度的影响

光照强度对哲罗鲑稚鱼体长、体重及肥满度的影响见表 7-7，从表中可以看出，随光照强度的增加各组体长、体重逐渐上升。试验结束时，体长、体重的最终值与绝对生长、相对生长均以光照组为最高，统计分析结果显示，光照组体长与黑暗组差异达到显著水平（$P<0.05$），但二者体重之间的差异不显著（$P>0.05$）。原因可能是由于试验期间水温相对较低（10.30～14.45℃），鱼体生长相对缓慢，因而在试验期间未能达到差异显著水平。

试验结束时鱼体的肥满度较开始时低（表 7-7），笔者推测，哲罗鲑在生长过程中摄入的能量先用于骨骼（体长指标）的生长，后用于肌肉（体重指标）的生长，这也可能是导致试验结束时，体长达到显著性差异但体重差异不显著的原因，但具体原因还有待于进一步研究。

试验结束时 3 种光照强度下哲罗鲑稚鱼体长与体重的关系符合 $W=aL^b$，关系式分别为：$WB=0.0165L^{2.6587}$（$R^2=0.9565$），$WC=0.0069L^{2.9904}$（$R^2= 0.9796$），$WL=0.0081L^{2.9140}$（$R^2=0.9832$），式中 b 值均接近 3，说明此阶段哲罗鲑稚鱼的生长为匀速生长，这与养殖方式的研究结果基本相似。

表 7-7　不同光照强度下哲罗鲑稚鱼体长、体重及肥满度的初始值和最终值

参数	组别	时间			
		初始值	最终值	绝对生长	相对生长/%
体长 /cm	黑暗组	8.81±0.65[a]	11.92±0.77[b]	3.11±0.86[b]	35.84±11.53[b]
	对照组	8.78±0.74[a]	12.26±1.02[ab]	3.48±1.33[ab]	40.61±16.66[ab]
	光照组	8.69±0.66[a]	12.44±0.96[a]	3.75±1.20[a]	43.99±16.01[a]
体重 /g	黑暗组	4.98±1.04[a]	12.11±2.23[a]	7.11±2.23[a]	150.57±65.31[a]
	对照组	4.78±1.05[a]	12.71±3.24[a]	7.94±3.49[a]	178.30±89.48[a]
	光照组	4.68±1.07[a]	12.73±2.93[a]	8.05±3.13[a]	186.14±95.30[a]
肥满度/%	黑暗组	0.73±0.11[a]	0.71±0.04[a]	—	—
	对照组	0.70±0.05[a]	0.68±0.03[b]	—	—
	光照组	0.70±0.04[a]	0.65±0.03[c]	—	—

1. “–”表示未测量;
2. 同列中具有相同字母者表示差异不显著（$P>0.05$），具有不同字母者差异显著（$P<0.05$）。

7.2.2.3 光照强度对哲罗鲑稚鱼特定生长率的影响

整个试验过程中，哲罗鲑稚鱼特定生长率为 0.23 ~ 3.23，最高值出现在 9 月 26 日的黑暗组，最低值出现在 11 月 4 日的对照组。试验期间，各组特定生长率并未表现出明显的规律性，但特定生长率的平均值随光照强度的增加而增加（表 7-8），统计分析表明各组特定生长率的差异不显著（$P>0.05$）。

表 7-8　不同光照强度下哲罗鲑稚鱼的特定生长率

组别	时间						平均值±标准差
	9 月 16 日	9 月 26 日	10 月 5 日	10 月 15 日	10 月 25 日	11 月 4 日	
黑暗组	0.57±0.91[a]	3.23±0.84[b]	0.31±1.37[b]	2.03±0.27[a]	1.59±0.39[a]	1.09±0.49[a]	1.48±0.41[a]
对照组	2.35±0.59[a]	1.99±0.12[ab]	1.84±0.62[ab]	1.13±0.42[b]	2.00±0.78[a]	0.23±0.33[a]	1.62±0.57[a]
光照组	2.30±1.11[a]	2.66±0.82[a]	2.21±0.47[a]	0.79±0.40[b]	1.44±0.41[a]	0.37±0.79[a]	1.67±0.53[a]

同列中具有相同字母者表示差异不显著（$P>0.05$），具有不同字母者差异显著（$P<0.05$）。

7.2.2.4 光照强度对哲罗鲑稚鱼生长常数与生长指标的影响

整个试验过程各光照组体长生长参数见图 7-4，从图中可以看出，哲罗鲑稚鱼 3 个体长生长参数均随光照强度的增加而增加，说明哲罗鲑稚鱼培育过程中，适当的增加部分光照有利于稚鱼体长及体重的生长。

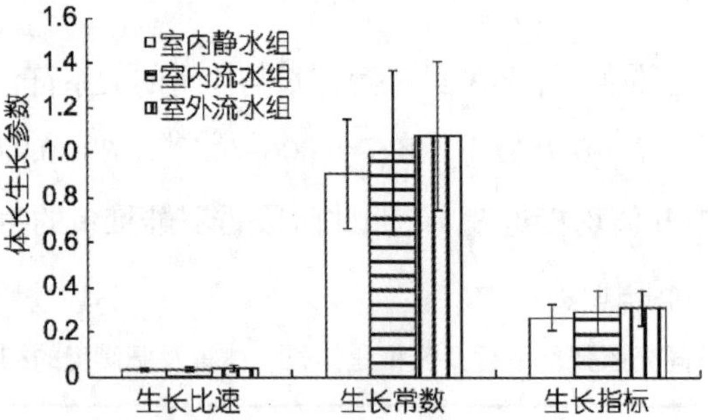

图 7-4　各光照组稚鱼体长生长参数

7.2.2.5 光照强度对哲罗鲑稚鱼生长离散的影响

图 7-5 给出了试验开始与结束时各组体长、体重的变异系数，从图中可以看出，试验前后各组变异系数并未出现明显变化，比较来看，试验结束时对照组体长、体重的变异系数相对较高，经无重复双因素方差分析表明，光照强度与试验时间对哲罗鲑稚鱼生长离散的影响均未达到显著水平（$P>0.05$）。

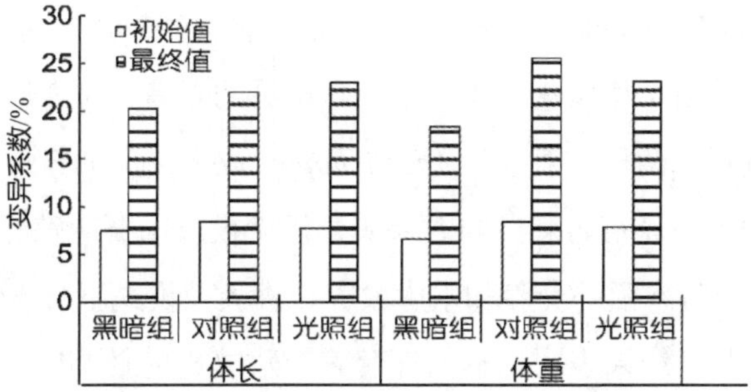

图 7-5　各光照组稚鱼体长、体重变异系数

7.2.2.6 光照强度对哲罗鲑稚鱼饵料转化率及生长效率的影响

试验期间，哲罗鲑稚鱼的饵料转化率及生长效率由公式 $FCR=\dfrac{F}{W_2-W_1}$；$GE=\dfrac{W_2-W_1}{F}\times 100$（$FCR$为饵料转化率，$GE$为生长效率，$F$为鱼均总投饲量，$W_1$、$W_2$为试验开始与结束时的体重，李大鹏等，2004）得出（表7-9），从表中可以看出试验期间各光照组总投喂量以光照组为最低，但体重的绝对增加量以光照组为最高，随光照强度的增加饵料转化率逐渐降低，生长效率随光照强度的增加逐渐升高，说明哲罗鲑稚鱼培育过程中，适当地增加部分光照有利于其体重的增加和生长效率的提高。

表 7-9　不同光照强度下哲罗鲑稚鱼的饵料转化率与生长效率

组别	总投喂量/kg	存活鱼数/尾	鱼均总投饲量/g	体重绝对增加量/g	饵料转化率/%	生长效率/%
黑暗组	2.714	137	19.81	7.11	2.79	35.84
对照组	2.729	144	18.95	7.94	2.39	41.84
光照组	2.636	148	17.81	8.05	2.21	45.25

7.3 讨论

7.3.1 养殖方式/模式对水产经济动物生长发育及品质的影响

水产经济动物养殖过程中，单一的养殖方式/模式往往会造成水质恶化、病害易发、产量下降等问题，探索或转变其他养殖方式/模式则显得尤为重要。对此，国内外学者作了大量工作，并取得良好效果。Hossain 等（1998）对革胡子鲶（*Clarias gariepinus*）的研究发现，不同养殖方式对革胡子鲶的生长存在极显著影响，在养殖网箱中添加庇护物的生长速度极显著高于不添加组，遮光条件下的生长速度也极显著优于不遮光组。不同饲养方式（人工投喂和自动给料机投喂）对革胡子鲶稚鱼的摄食行为和攻击行为也有显著影响（Almazan-Rueda et al，2004）。孙慧玲等（1996）对栉孔扇贝（*Chlamys farreri*）进行研究发现，采用穿耳养殖方式养殖栉孔扇贝的壳高生长速度显著高于笼养方式。周玮等（2009）进行了两种防刺参（*Apostichopus japonicus*）养殖方式对比试验，发现放入塑编网造礁的池塘养殖防刺参的效果明显优于投放毛石造礁的池塘。王志铮等（2012）研究了池塘专养、日本沼虾套养和水库放养 3 种养殖模式下日本鳗鲡（*Anguilla japonic*）养成品德形质差异，结果表明日本沼虾套养养殖模式克服了日本鳗鲡生长缓慢、养成周期长、肥满度低及捕获困难等方面的缺陷，形质特征也获得了明显的改善。黄鹤忠等（2006）通过向中华绒螯蟹（*Eriocheir sinensis*）养殖池中添加螺蛳、水草构建了 5 种生态型中华绒螯蟹养殖模式，发现 IV 型养殖模式（中华绒螯蟹、螺蛳、水草放养量为 4500 ind./ha、3375 kg/ha、6000 kg/ha）的收获规格、存活率、饲料系数均显著优于其他试验组。高露姣等（2011）对红鳍东方鲀（*Takifugu rubripe*）的研究发现，养殖模式会影响其营养成分、风味物质组成和含量以及肌肉的物理特性，并指出将幼鱼移至海上网箱养殖是相对较好的一种养殖模式。本研究中，整个试验期间室内静水组体长与体重的生长明显优于其他两种养殖方式，后期的存活率也较室外流水组高，说明该养殖方式具有良好的利用空间，但稚鱼前期的存活率相对较低，因而该养殖方式还需要进一步的探索与优化。

7.3.2 光照与光照强度在水产经济动物中的利用

光照是水产经济动物重要环境因子之一（李城华等，1993; 秦媛媛等，2011; 曹伏君等，2011; 曹亮等，2012; 孙明等，2012），光照不仅可以影响水产经济动物的生长与存活（严正凛等，2001; Hoang et al., 2003; 王芳等，2005; 游奎等，2005; Yan et al., 2006; 陈勇等，2007），还可影响其摄食、行为及体色（Tseng et al., 1998; 陈勇等，2007），并对其繁殖性能和受精卵卵质有一定的影响（Dube et al., 1992）。对鱼类已有的研究表明，乌鳢（*Channa argus*）幼鱼对浮游动物的摄食强度随光照强度的减弱而增强，在 10^{-3} lx 达到最大值（谢从新等，1997）。而黄盖鲽（*Limanda yokohamae*）仔鱼的摄食完全依靠视觉，在夜间只要给予适当的光照仔鱼就会有相当的摄食强度，在 40 ~ 60 lx 光照度下仔鱼的生长最好（王迎春等，1999），这与 Browman 等（2006）的研究结果一致。漠斑牙鲆（*Paralichthys lethostigma*）摄食的较适宜光强范围为 10 ~ 600 lx，过强或过弱的光照均不利于仔鱼的生长发育（秦志清等，2009）。同样，中强度的橙光和红光更有利于眼斑拟石首鱼（*Sciaemops ocelletus*）的摄食和行为（王萍等，2009）。大西洋鳕幼体在高光照强度（2400 lx）和连续光照周期中（24L: 0D）生长、摄食良好（Puvanendran et al., 2002)。高强度的光照也有利于革胡子鲶(*Clarias gariepinus*)的游泳与觅食(Hossain et al., 1998)。但强光照不是施氏鲟（*Acipenser schrenckii*）所适宜的生活条件（李大鹏等，2004）。本研究中，随光照强度的增加，哲罗鲑稚鱼的存活率逐渐升高，体长、体重的最终值及 *RSG*、*Cv*、*Cvt*、*CLt*、*GE* 均以光照组为最高，说明哲罗鲑稚鱼室内培育阶段，适当的增加部分光照有利于其摄食与生长，因此，在哲罗鲑稚鱼室内培育过程中，有条件的可以在平列槽上方添加 1 个 60 W 的白炽灯。值得注意的是，强烈的阳光直射有时会造成鱼体的晒伤，引起体表黏液的增生或细菌的二次性感染（范兆廷等，2008），所以在哲罗鲑稚鱼培育阶段可以适当增加部分光照，但应避免阳光直射。

第八章　哲罗鲑饥饿再投喂模式

鱼类补偿生长一直受到国内外科研工作者以及水产从业者的关注。补偿生长又称“获得性生长”，是指动物经过一段时期的生长发育胁迫（如饥饿或营养缺乏）而导致生长停滞、营养不良甚至出现负增长，当胁迫消失或改善后，动物往往会出现一个快速的迸发式的生长过程，其中最常见的补偿生长类型是由饥饿胁迫引起的（谢小军等，1998；王岩，2003；Kim et al., 1995; Nikki et al., 2004; Sevgili et al., 2012；宋昭彬等，2010；吴立新等，2000）。鱼类养殖过程中，适当的饥饿或限食是饲养；管理的重要策略，合理的投喂频率也是实现效益最大化的重要方式。饥饿及饥饿再投喂对鱼类生长存活（Reimers et al., 1993; Paul et al., 1995）、组织形态（李霞等，2012）、机体组成（邓利等，1999；张升利等，2010；史会来等，2011）及生理生化（杨代勤等，2007）等方面具有重要的影响，日投喂频率对鱼类生长存活（Riche et al., 2004; Biswas et al., 2010; Wang et al., 1998）、饵料转化（Lee et al., 2000）、机体组成（Wang et al., 2007；纪文秀等，2011；宋国等，2011）、消化与代谢（Biswas et al., 2006; Ruohonen et al., 1998）的影响已有大量报道，但未见有关哲罗鲑（*Hucho taimen*）稚鱼方面的相关研究。研究饥饿再投喂以及日投喂频率对哲罗鲑稚鱼生长与存活的影响，对确立合理的投喂策略和科学的饲养模式具有重要意义。本章通过设置饥饿再投喂试验、饥饿再投喂恢复试验以及日投喂频率试验，探讨了哲罗鲑稚鱼阶段最佳投喂策略，以丰富哲罗鲑稚鱼养殖生态学，为哲罗鲑的健康养殖模式的建立提供科学依据。

8.1 材料与方法

8.1.1 供试材料

试验在黑龙江水产研究所渤海冷水性鱼试验站进行，所用稚鱼为 2012 年 4 月经人工繁育获得并培育至 30 日龄的稚鱼，挑选体格健壮无创伤、规格基本一致的稚鱼用于试验，规格为体长 2.64±0.09 cm，体重 0.104±0.004 g。

8.1.2 饥饿再投喂试验

饥饿再投喂试验采用“饥饿—投喂—饥饿—投喂—……”重复处理的模式进行，各试验组严格按照饥饿时间与投喂时间相同的原则进行设计与处理。试验共设置 1/2 d 组（S1/2，饥饿 1/2 d 投喂 1/2 d）、1 d 组（S1，饥饿 1 d 投喂 1 d）、2 d 组（S2，饥饿 2 d 投喂 2 d）和 4 天组（S4，饥饿 4 d 投喂 4 d）4 个试验组和 1 个对照组（S0，每天投喂），其中饥饿与投喂处理均以日为单位，即饥饿日不投喂，投喂日按 3%～5% BW/d 的量日饱食投喂 5 次，对照组无饥饿日，S1/2 组仅在投喂日的下午按 1.5%～2.5% BW/d 的量饱食投喂 2 次。试验鱼采用室内平列槽流水养殖模式进行养殖，平列槽规格为 25 cm×22 cm×22.5 cm，水体流量为 0.75～1.5 L/s，水深控制在 16～18 cm。各组初始鱼数量为 30 尾，试验设置 3 组平行。试验开始的前 15 d 投喂水蚤与水丝蚓的混合物，15 d 后至试验结束投喂全价配合饲料，每次投喂前换水 1 次。每天早晚彻底清洗养殖容器各 1 次并记录试验组鱼体状态及死亡情况，每天早晚各记录水温 1 次，每 10 d 用 1%～2 %的 NaCl 消毒 1 次并测量生长数据，试验共持续 56 d。

8.1.3 饥饿再投喂恢复试验

饥饿再投喂试验结束后，将各组鱼恢复正常投喂（日饱食投喂全价配合饲料 5 次），分析恢复后各组的生长与存活情况，试验共持续 30 d，其他同试验 8.1.1。

8.1.4 日投喂频率试验

试验设置日投喂 1 次（T1）、2 次（T2）、3 次（T 3）、4 次（T 4）和 5 次（T 5）共 5 组，试验鱼采用室内平列槽流水养殖模式进行养殖，平列槽规格为 51 cm × 41.5 cm × 22.5 cm，各试验组初始鱼数量为 50 尾，设置 3 组平行，试验期间投喂全价配合饲料，共持续 60 d，其他同试验 8.1.1。

8.1.5 数据处理

采用 SPSS 16.0 对数据进行统计分析，采用单因素方差分析（One-way ANOVA）和邓肯多重比较（Duncan’s）分析各处理组间的差异，采用 General Linear Model 过程的无重复双因素方差分析（Univariate）对生长离散程度进行差异显著性检验（α=0.05），Excel 作图，试验鱼各指标计算公式如下：

肥满度（CF）：$CF=\frac{100W}{L^3}$；

增长率（*GBL*）：$GBL=\frac{L_2-L_1}{L_1}\times100\%$；

体重增长率（*GBW*）：$GBW=\frac{W_2-W_1}{W_1}\times100\%$；

特定生长率（R_{SG}）：$R_{SG}=\frac{\ln W_2-\ln W_1}{t_2-t_1}\times100\%$；

体重生长方程（*GEBW*）：$GEBW=\mathrm{a}e^{\mathrm{b}t}$；

变异系数（*Vc*）：$V_C=\frac{D_S}{X}\times100\%$；

饵料转化率（*FCR*）：$FCR=\frac{W_2-W_1}{C}\times100$。

式中：*W* 为体重（g）；*L* 为体长（cm）；W_1、W_2和 L_1、L_2分别为时间 t_1、t_2时的体重（g）和体长（cm）；*DS* 为标准差；*X* 为平均体重；*C* 为鱼均总投饲量（g）；a 和 b 是常数。

8.2 结果与分析

8.2.1 饥饿再投喂对哲罗鲑稚鱼生长与存活的影响

8.2.1.1 存活率

从表 8-1 可以看出，6 月 1 日至 7 月 4 日，各试验组的存活率均高于对照组，但各试验组间的存活率表现出无序性；7 月 5—23 日，各组存活率随饥饿时间的延长呈上升趋势（S_2组除外）；整个试验期间的总存活率最高出现在 S_1组，其次为 S_4组，对照组存活率最低。原因可能是转饵期适当的饥饿再投喂处理有利于提高哲罗鲑稚鱼的摄食效果，进而提高其存活率。

表 8-1　饥饿再投喂对哲罗鲑稚鱼存活率的影响　　/%

	S_0	$S_{1/2}$	S_1	S_2	S_4
06-01—07-04	64.7±6.8	70.0±13.0	76.7±5.8	71.0±18.3	74.3±8.1
07-05—07-23	83.3±9.7	85.3±3.1	88.7±6.0	87.0±9.5	89.7±6.8
总存活率 Total survival rate	53.3±3.5	60.0±13.0	68.0±1.7	61.0±13.1	66.7±9.1

8.2.1.2 体长、体重及肥满度

不同饥饿再投喂重复处理哲罗鲑稚鱼的生长参数见表 8-2，从表中可以看出，试验期间哲罗鲑稚鱼体长、体重均以对照组为最高，各饥饿组并未表现出补偿生长。单因素

方差分析表明，饥饿再投喂重复处理对哲罗鲑稚鱼的体长、体重、增长率、体重增长率以及特定生长率的影响均达到了显著水平（$P<0.05$）。

表 8-2　饥饿再投喂对对哲罗鲑稚鱼生长的影响

组别 Groups	初始体长 Initial body length /cm	终末体长 Final body length /cm	初始体重 Initial body mass /g	终末体重 Final body mass /g	初始肥满度 Initial condition factor	终末肥满度 Final condition factor
S_0	2.64 ± 0.09	4.99 ± 0.33[a]	0.104±0.004	0.88±0.20[a]	0.58 ± 0.04	0.70 ± 0.08[ab]
$S_{1/2}$	2.64 ± 0.09	4.55 ± 0.35[b]	0.104±0.004	0.69±0.18[b]	0.58 ± 0.04	0.72 ± 0.10[a]
S_1	2.64 ± 0.09	4.46 ± 0.33[b]	0.104±0.004	0.59±0.14[c]	0.58 ± 0.04	0.66 ± 0.12[bc]
S_2	2.64 ± 0.09	4.45 ± 0.34[b]	0.104±0.004	0.57±0.15[c]	0.58 ± 0.04	0.64 ± 0.08[cd]
S_4	2.64 ± 0.09	4.03 ± 0.32[c]	0.104±0.004	0.36±0.09[d]	0.58 ± 0.04	0.54 ± 0.10[d]

组别 Groups	增长率 Growth rate of body length /%	体重增长率 Growth rate of body mass /%	特定生长率 Specific growth rate /%	体重生长方程 Growth equation
S_0	89.1±13.0[a]	745.7±98.8[a]	4.0±0.2[a]	$Ws_0=0.1020e^{0.0396t}$（$R^2=0.9974$）
$S_{1/2}$	72.8±13.6[b]	564.1±138.1[b]	3.6±0.4[b]	$Ws_{1/2}=0.0993e^{0.0345t}$（$R^2=0.9857$）
S_1	69.3±14.5[b]	466.2±49.2[b]	3.3±0.2[b]	$Ws_1=0.1020e^{0.0327t}$（$R^2=0.9963$）
S_2	68.9±15.5[b]	449.1±47.6[b]	3.2±0.2[b]	$Ws_2=0.1018e^{0.0314t}$（$R^2=0.9952$）
S_4	53.3±15.9[c]	173.0±10.0[c]	2.3±0.1[c]	$Ws_4=0.1064e^{0.0245t}$（$R^2=0.9852$）

8.2.1.3 饥饿再投喂重复处理对哲罗鲑稚鱼生长离散的影响

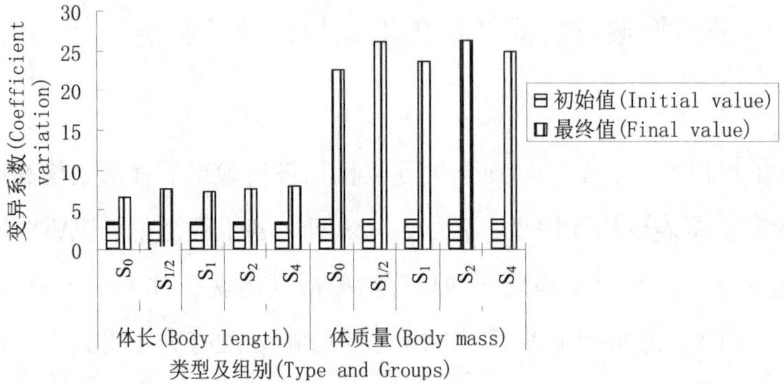

图 8-1　饥饿再投喂试验各组体长、体重的变异系数

试验结束时哲罗鲑稚鱼体长变异系数为 6.61% ~ 7.94%，体重变异系数为 22.73% ~ 26.32%，均显著高于初始值（图 8-1），但各组间差异不显著（$P>0.05$）。经无重复双因素方差分析表明，投喂策略对哲罗鲑稚鱼体长、体重变异系数的影响不显著（$P>0.05$），养殖时间对哲罗鲑稚鱼体长、体重变异系数的影响达到极显著水平（$P<0.01$）。说明此阶段哲罗鲑稚鱼个体间体长、体重生长速度不尽一致，变异系数升高是由个体间生长差异造成的，受养殖时间影响，与投喂策略无关。另一方面，试验期间，水温值幅为 8.6 ~

15.5℃，平均值幅为 9.4～14.4℃，为哲罗鲑适宜温度范围，且各组采用同一水源的流水方式进行，保证了温度的一致性，因此，试验结果能客观的反应各组的真实情况。

8.2.2 恢复试验中哲罗鲑稚鱼的存活与生长

8.2.2.1 恢复试验中哲罗鲑稚鱼的存活

恢复试验中，各组的存活率分别为：69.32±14.66、80.25±4.73、86.75±7.77、72.20±11.36 和 79.86±5.30，存活率最高值出现在 S_1 组，对照组存活率为最低（图 8-2），但各组差异不显著。结合试验 8.1.1 结果，不难得出，哲罗鲑稚鱼孵化后 3 个月内，适当的饥饿再投喂重复处理有利于提高此阶段稚鱼的存活率。

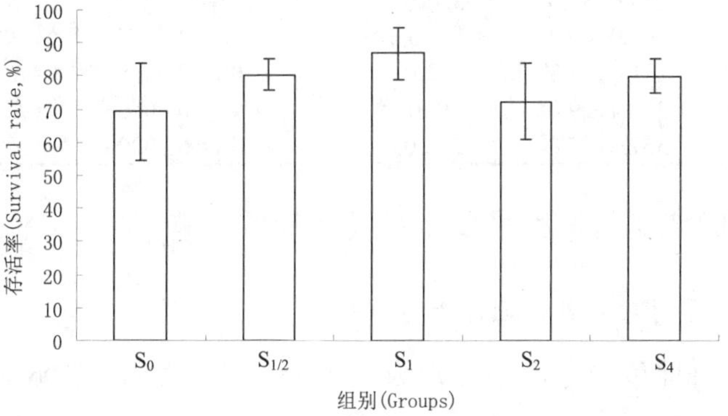

图 8-2　饥饿再投喂恢复试验各组存活率/%

8.2.2.2 恢复试验中哲罗鲑稚鱼的生长

恢复试验中，各组哲罗鲑稚鱼生长参数见表 8-3，从表中可以看出，各饥饿组体重增长率、增长率和特定生长率均显著高于对照组（P<0.05），但整个试验期间（饥饿时间+恢复时间）饥饿组体重的增加量仍低于对照组，表现出有限补偿生长。试验结束时，$S_{1/2}$ 组体长、体重的最终值稍低于对照组（表 8-3，P>0.05），表现出完全补偿生长。

表 8-3　饥饿再投喂恢复试验中各组的生长参数

组别 Groups	初始体长 initial body length /cm	终末体长 Final body length /cm	初始体重 Initial body mass /g	终末体重 Final body mass /g	初始肥满度 Initial condition factor	终末肥满度 Final condition factor
S_0	4.99±0.33^a	6.63±0.70^a	0.88±0.20^a	2.24±0.85^a	0.70±0.08^{ab}	0.74±0.08^a
$S_{1/2}$	4.55±0.35^b	6.46±0.44^{ab}	0.69±0.18^b	2.03±0.47^{ab}	0.72±0.10^a	0.74±0.05^a
S_1	4.46±0.33^b	6.38±0.35^{ab}	0.59±0.14^c	1.93±0.38^{bc}	0.66±0.12^{bc}	0.73±0.06^a
S_2	4.45±0.34^b	6.26±0.52^{bc}	0.57±0.15^c	1.82±0.47^{bc}	0.64±0.08^{cd}	0.73±0.07^a
S_4	4.03±0.32^c	6.00±0.49^c	0.36±0.09^d	1.64±0.41^c	0.54±0.10^d	0.75±0.09^a
组别 Groups	增长率 Growth rate of body length /%	体重增长率 Growth rate of body mass /%	特定生长率 Specific growth rate /%	体重生长方程 Growth equation		
S_0	32.8±3.5^c	155.0±35.0^c	3.1±0.5^c	Ws_0=0.90630$e^{0.0301t}$（R^2=0.9845）		
$S_{1/2}$	41.9±4.8^{ab}	201.0±40.7^b	3.7±0.5^{bc}	$Ws_{1/2}$=0.7253$e^{0.0355t}$（R^2=0.9857）		
S_1	43.2±4.1^{ab}	231.0±48.3^b	4.0±0.5^b	Ws_1=0.6338$e^{0.0382t}$（R^2=0.9712）		
S_2	40.9±5.0^b	219.4±29.0^b	3.9±0.3^{bc}	Ws_2=0.6050$e^{0.0382t}$（R^2=0.9824）		
S_4	48.9±0.7^a	357.8±47.8^a	5.1±0.4^a	Ws_4=0.3920$e^{0.0506t}$（R^2=0.9768）		

8.2.3 日投喂频率对哲罗鲑稚鱼生长及存活的影响

8.2.3.1 日投喂频率对哲罗鲑稚鱼存活的影响

试验过程中各组稚鱼的存活率分别为：85.33±6.43、90.67±3.06、94.67±4.16、92.67±5.03 和 97.33±1.16，见图 8-3。从图中可以看出存活率最高值出现在 T_5 组，其次为 T_3 组，最低值出现在 T_1 组，与 T_5 组差异显著（P<0.05）。单因素方差分析显示，日投喂频率对哲罗鲑稚鱼存活率的影响未达到显著水平（P>0.05）。

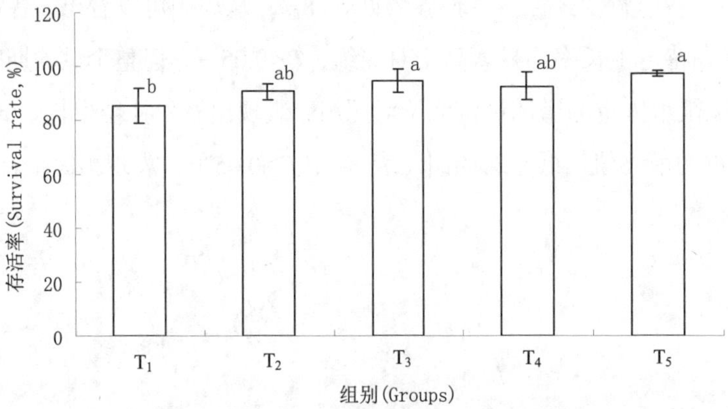

图 8-3　日投喂频率试验各组存活率/%

8.2.3.2 日投喂频率对哲罗鲑稚鱼体长、体重及肥满度的影响

日投喂频率试验中，各组生长参数见表 8-4，从表中可以看出，随投喂频率的增加，

哲罗鲑稚鱼体长、体重的生长有先升高后降低的趋势。当投喂频率高于 3 次，各组生长参数不但没有继续增加，反而有所降低，说明投喂次数并不是越多越好。单因素方差分析表明，日投喂频率对哲罗鲑稚鱼体长、体重以及特定生长率的影响均达到极显著水平（P<0.01），对肥满度的影响达到显著水平（P<0.05）。

表 8-4　日投喂频率试验各组生长参数

组别 Groups	初始体长 initial body length /cm	终末体长 Final body length /cm	初始体重 Initial body mass /g	终末体重 Final body mass /g	初始肥满度 Initial condition factor	终末肥满度 Final condition factor
T_1	$8.64±0.60^{b}$	$10.66±0.77^{c}$	$4.47±0.92^{b}$	$8.07±1.59^{d}$	$0.69±0.05^{a}$	$0.66±0.05^{c}$
T_2	$8.59±0.52^{ab}$	$11.70±0.72^{b}$	$4.49±0.77^{b}$	$10.72±1.88^{cd}$	$0.70±0.05^{a}$	$0.66±0.03^{bc}$
T_3	$8.82±0.50^{ab}$	$12.36±0.94^{a}$	$4.92±0.99^{ab}$	$13.17±3.20^{a}$	$0.71±0.05^{a}$	$0.69±0.05^{ab}$
T_4	$8.69±0.43^{ab}$	$11.93±0.76^{ab}$	$4.68±0.77^{ab}$	$11.85±2.37^{bc}$	$0.71±0.06^{a}$	$0.69±0.06^{a}$
T_5	$8.89±0.51^{a}$	$12.10±0.90^{ab}$	$5.05±1.17^{a}$	$12.08±2.93^{ab}$	$0.71±0.06^{a}$	$0.67±0.04^{abc}$

组别 Groups	增长率 Growth rate of body length /%	体重增长率 Growth rate of body mass /%	特定生长率 Specific growth rate /%	体重生长方程 Growth equation
T_1	$23.4±4.3^{b}$	$81.1±19.2^{b}$	$1.0±0.2^{b}$	$Ws_0=4.5024e^{0.0095t}$（R^2=0.9744）
T_2	$36.2±4.5^{a}$	$139.3±22.0^{a}$	$1.5±0.2^{a}$	$Ws_{1/2}=4.6044e^{0.0142t}$（$R^2$=0.9664）
T_3	$40.2±4.6^{a}$	$167.4±31.7^{a}$	$1.6±0.2^{a}$	$Ws_1=5.2284e^{0.0154t}$（R^2=0.9826）
T_4	$41.2±1.4^{a}$	$160.9±22.9^{a}$	$1.6±0.2^{a}$	$Ws_2=4.9781e^{0.0151t}$（R^2=0.9854）
T_5	$36.1±1.1^{a}$	$139.5±6.7^{a}$	$1.5±0.1^{a}$	$Ws_4=5.3056e^{0.0147t}$（R^2=0.9675）

8.2.3.3 日投喂频率对哲罗鲑稚鱼生长离散的影响

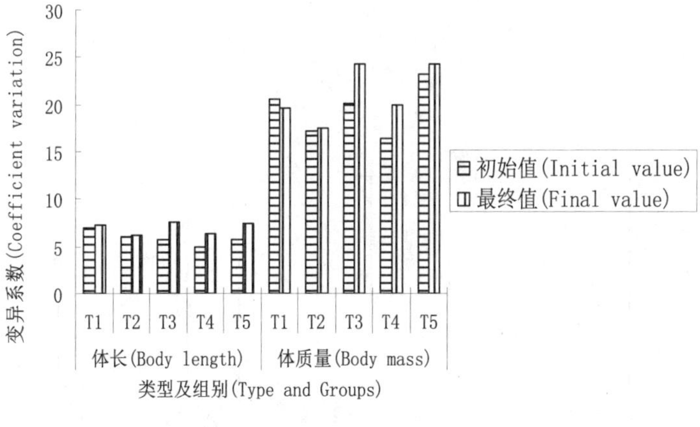

图 8-4　日投喂频率试验各组体长、体重变异系数

试验结束时，哲罗鲑体长、体重的变异系数分别为 6.15%～7.61%和 17.54%～24.30%（图 8-4），经无重复双因素方差分析显示，日投喂频率和养殖时间对哲罗鲑稚鱼体长、体重变异系数的影响均不显著（P>0.05）。这与饥饿再投喂试验结果不同，造成这种差异的原因可能是变异系数受发育阶段的影响，饥饿再投喂试验中，所用稚鱼规格较小，生长发育相对较快，因而个体间生长差异较大，变异系数随之增高，而本试验中初始规格较大，加之水温有所降低（图 8-5）因而生长速度有所减缓，个体间生长差异并没有随试验时间的延长而显著增加。

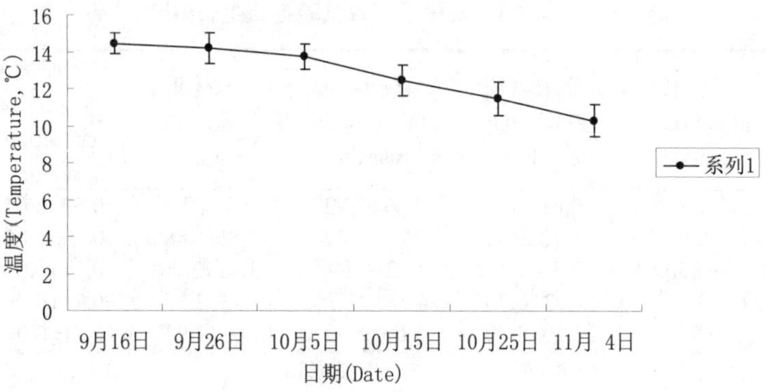

图 8-5　试验期间的水温变化

8.2.3.4 日投喂频率对哲罗鲑稚鱼饵料转化率及生长效率的影响

试验期间，各试验组稚鱼饵料转化率分别为：58.19±11.56、54.79±7.00、53.13±11.24、34.73±8.02、25.47±4.25（图 8-6），随投喂频率的增加，饵料转化率呈降低的趋势。单因素方差分析表明，投喂频率对哲罗鲑稚鱼饵料转化率的影响达到显著水平（$P<0.05$）。因此，哲罗鲑稚鱼阶段，投喂频率并不是越高越好，应从生长、存活及饵料转化率等方面综合衡量。

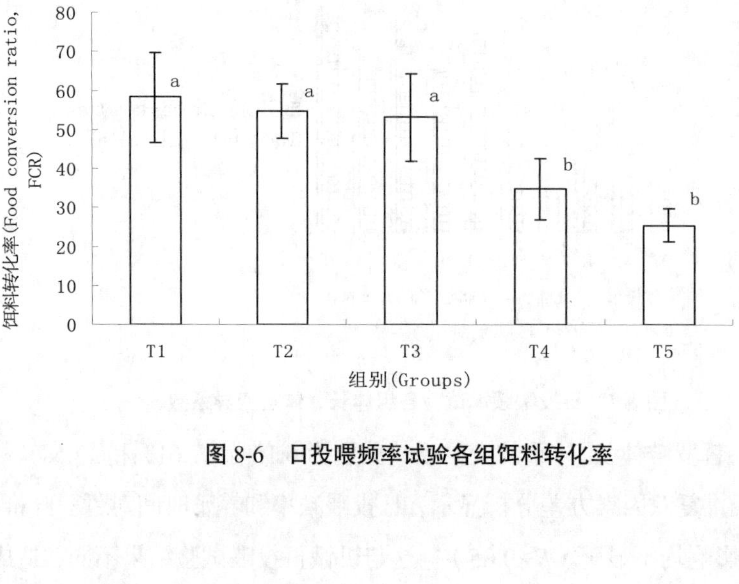

图 8-6　日投喂频率试验各组饵料转化率

8.3 讨论

8.3.1 补偿生长在水产经济动物中的研究与应用

鱼类补偿生长受鱼的种类、发育阶段、饥饿处理方式及程度、恢复生长时间和试验条件（水温、试验场地及仪器等）等的影响，根据其体重的增加量又可分为超补偿生长、完全补偿生长、部分补偿生长和不能补偿生长 4 类（谢小军等，1998）。具超补偿生长能力的鱼类多见于一些鲑鳟鱼类，如虹鳟（*Oncorhynchus mykiss*）饥饿 3 周后再恢复投喂 3 周，体重的增加量高于对照组（持续投喂 6 周），表现出超补偿生长（吴立新等，2000）；大西洋鲑（*Salmo salar*）饥饿 2 个月后再恢复投喂的 41 d 内，体重的增加量达 22.7%，远高于对照组 11.4%（Reimers et al., 1993）。具有完全补偿生长能力的鱼类多见于一些鲆鲽类或鲶形目、鲈形目的鱼类，如黄鳍鲽（*Pleuronectes asper*）分别禁食 0、2、4、6 周后再恢复投喂至 12 周，禁食 2 周组的增重与对照组接近（24%: 25%）（Paul et al., 1995）；重复饥饿再投喂处理对星斑川鲽（*Platichthys stellatus*）的体重、全长的影响不显著（史会来等，2011）；斑点叉尾鮰（*Ictalurus punctatus*）分别限食 3、6、9 周后再恢复饱食投喂至 18 周，限食 3 周组在 18 周表现出完全补偿生长现象（Kim et al., 1995）；饥饿处理 50 d 的南方鲇（*Silurus meridionalis*）在恢复生长过程中产生了显著的补偿效应（张升利等，2010）；饥饿 4 d 后再恢复正常投喂组的黄姑鱼（*Nibea albiflora*）幼鱼在恢复生长过程中出现了完全补偿生长效应（杨代勤等，2007）。本研究采用饥饿相同时间投喂相同时间的重复处理方式进行，并研究了恢复正常投喂后的生长与存活情况，结果表明饥饿再投喂重复处理试验中，各处理组并未表现出补偿生长现象，而在恢复试验中则表现出了不同程度的补偿生长，且补偿生长效应随饥饿时间的延长而逐渐降低，其中 S1/2 组与对照组差异不显著（$P>0.05$），表现出完全补偿生长。因此，哲罗鲑早期稚鱼阶段（0～2 g，9～15.2℃），饥饿 1/2 d 是可以考虑使用的投喂策略，可作为养殖过程中有益的饲养管理策略，而具体的补偿生长机制以及最佳补偿效果还有待于进一步探讨与利用。

8.3.2 日投喂频率对鱼类生长发育的影响

一般而言，一定范围内，鱼类体重、摄食量、特定生长率以及饲料转化率随投喂频率的增加而增加，之后继续增加投喂频率鱼类的生长速度不再增加（Riche et al., 2004; Biswas et al., 2010; Wang et al., 1998; Lee et al., 2000; Wang et al., 2007; 纪文秀等，2011; 宋国等，2011; Biswas et al., 2006; Ruohonen et al., 1998; 董崇智等，1998）。投喂频率对

鱼类生长发育的影响还与该鱼的种类、发育阶段、投喂模式、水文条件及生理状况等息息相关，通常情况下，投喂次数随鱼体生长发育而减少（Riche et al., 2004; Biswas et al., 2010; Wang et al., 1998; Lee et al., 2000; Wang et al., 2007; 纪文秀等，2011；宋国等，2011）。多数鲈形目鱼类均遵循此规律，如尼罗罗非鱼（*Oreochromis niloticus*，1.5 ~ 444.3 mg）稚鱼阶段每 4h 投喂 1 次可以有效地提高其产量（Riche et al., 2004）；尖吻鲈（*Lates calcarifer*）稚鱼[（25.9±0.3）mm/（203.8±4.6）mg]日投喂 3 次可以获得最大生长速度、最高存活率及饲料转化率（Biswas et al., 2010）；杂交太阳鱼（雌性 *Lepomis cyanellus* × 雄性 *L. macrochirus*）鱼苗阶段（3 ~ 8 g）适宜的投喂频率为 3 次/d（Wang et al., 1998）；条石鲷（*Oplegnathus fasciatus*）幼鱼阶段（10 g 左右）日投喂 2 次最合适（宋国等，2011）；鱼苗阶段 38.3±0.2 g 的鮸状黄姑鱼（*Nibea miichthioides*）按 5% BW/d 的量日饱食投喂 1 次即可（Wang et al., 2007）；初始体重为 137±1 g 的点带石斑鱼（*Epinephelus malabaricus*）适宜的投喂频率为 1 次/d（纪文秀等，2011）；投喂 1 次/d 更有利于许氏平鲉（*Sebastes schlegeli*）稚鱼（6 ~ 20 g）的生长发育（Lee et al., 2000）。这与某些鲤科鱼类和鲑鳟鱼类有所不同，如初孵阶段的麦瑞加拉鲮鱼（*Cirrhinus mrigala*）和露斯塔野鲮（*Labeo rohita*）日投喂 1 次就足够了（Biswas et al., 2006）；日投喂 3 次以上更有利于 1 日龄虹鳟鱼（*Oncorhynchus mykiss*）幼鱼（400 ~ 700 g）的生长（Ruohonen et al., 1998），此时体重生长最快，饲料系数最低。因此，对某一种鱼适宜投喂频率的确定应充分考虑该鱼的种类、规格、投喂方式、水温等因素。本研究中，T_3 组体长、体重的增加量以及特定生长率均为最高，饵料转化率也相对较高，综合以上指标可以认为，哲罗鲑稚鱼阶段（体重 2 ~ 21 g，水温 8.8 ~ 15.5℃），以日投喂 3 次为宜。

第九章　哲罗鲑投喂时间及摄食节律

鱼类的摄食节律是一种普遍现象，通常情况下鱼类不连续摄食，而在固定时间内进行摄食。鱼类摄食的一个显著特点是比高等脊椎动物有着较为灵活的昼夜节律性，且摄食节律因种类而异（殷名称，1995）。大多数体细胞生长增殖期与鱼类摄食活动相一致，这是一个重要的时间生物学策略（Spieler，1977）。若投喂时间依据摄食节律进行设定，可以促进鱼体的生长（Baras et al., 1996; Gélineau et al., 1996），提高饲料效率，减小水体污染（Boujard et al., 1992）。本章研究哲罗鲑不同生长阶段的摄食节律、胃排空率，并通过生长试验进行验证（根据日摄食节律设定的投喂时间是否会促进其生长和提高饲料效率），这对哲罗鲑的养护具有重要意义。

9.1 材料与方法

9.1.1 试验材料

试验鱼取自中国水产科学研究院黑龙江水产研究所渤海冷水性鱼类试验站。饲料以30%白鱼粉、20%大豆分离蛋白和13%玉米蛋白粉为蛋白源，以7%鱼油和7%豆油作为脂肪源进行配制，其饲料配方及营养成分含量见表 9-1。根据试验鱼的大小，分别制作了粉料（投喂仔稚鱼）、1 mm、2 mm 和 4 mm 粒径的颗粒饲料，自然风干后，于-20℃储存待用。

表 9-1　饲料配方和营养水平/%

成分 Ingredients	组成 Composition	营养水平 Nutrient levels	含量 Content
鱼粉 Fish meal	30.00	总能 Gross energy/（kJ/g）	20.98
次粉 Wheat middings	20.00	粗蛋白 Crude protein	48.23
玉米蛋白粉 Corn gluten meal	13.00	粗脂肪 Crude lipid	16.39
大豆分离蛋白 Soy protein isolated	20.00		
鱼油 Fish oil	7.00		
豆油 Soybean oil	7.00		
磷酸二氢钙 $Ca(H_2PO_4)_2$	1.00		
预混剂 Premix	1.00		
二甲基-β-丙酸噻亭 DMPT	0.20		
纤维素 Cellulose	0.80		
合计 Total	100.00		

注：预混剂 1.00%，包括：沸石 0.08%；胆碱 0.2%；氧化镁 0.2%；防霉剂 0.02%；复合维生素 0.3%；

复合微量元素 0.2%。维生素包括：维生素 C 300 mg/kg；维生素 E 60 mg/kg；维生素 K_3 5 mg/kg；维生素 A 15000 IU/kg；维生素 D_3 3 000 IU/kg；维生素 B_1 15 mg/kg；维生素 B_2 30 mg/kg；维生素 B_6 15 mg/ kg；维生素 B_{12} 0.5 mg/kg；烟酸 175 mg/kg；叶酸 5 mg/kg；肌醇 300 mg/kg；生物素 2.5 mg/kg；泛酸钙 50 mg/kg；微量元素包括：铁 25 mg/kg；锌 75 mg/kg；铜 3 mg/kg；锰 15 mg/kg；钴 0.05 mg/kg；碘 0.6 mg/kg；硒 0.1 mg/kg。

9.1.2 试验设计和养殖管理

9.1.2.1 摄食节律试验

试验采取分时间段设计，将一昼夜分为 8 个时间段，每时间段作为一个处理水平，进行 24 h 昼夜试验。测定不同体重哲罗鲑（0.31±0.03 g，S 组；19.83±0.59 g，M 组；74.19±7.50 g，B 组；1150.19±18.52 g，L 组）的日摄食节律。每处理 3 个重复，S 组、M 组和 B 组每重复 100 尾鱼，L 组每重复 10 尾。摄食节律试验在上述养殖设施进行（S 组、M 组、B 组和 L 组分别放养于容积 100 L 平列槽，300 L、500 L 和 500 L 水族箱中）。各处理组的投喂时间为 G1 组（1:00、9:00 和 17:00），G2 组（2:00、10:00 和 18:00），G3 组（3:00、11:00 和 19:00），G4 组（4:00、12:00 和 20:00），G5 组（5:00、13:00 和 21:00），G6 组（6:00、14:00 和 22:00），G7 组（7:00、15:00 和 23:00），G8 组（8:00、16:00 和 24:00）。

试验采取流水养殖方式。试验水为涌泉水，pH 7.1 ~ 7.2，水温 13.1 ~ 15.5℃，氨氮 <0.02 mg/L，溶氧>6.0 mg/L。自然光照，光周期为 15 h : 9 d，光照时间 4:00 ~ 19:00。正式试验前，将试验鱼分别放入室内平列槽和玻璃钢水族箱中驯养 14 d，其中平列槽中放养试验鱼（体重约为 0.30 g），玻璃钢水族箱放养试验鱼（体重约为 20 g，70 g 和 1000 g）。暂养期间，用试验饲料饱食投喂 4 次（6:00、10:00、14:00、18:00）。

试验开始时，从暂养水族箱中随机挑选体质健壮、体重一致的个体放入平列槽或玻璃钢水族箱中，试验鱼饥饿 72 h 后进行试验，养殖周期 7 d。试验期间，养殖条件同上述描述。准确称取饲料，饱食投喂。投喂 40 min 后，虹吸取出残饵，装袋，65℃烘干，以计算摄食量。残饵溶失率测定：称量与投喂量相近的饲料，40 min 后收集饲料，65℃烘干，称重，计算溶失率以校正摄食量。

9.1.2.2 胃排空率试验

测定不同体重哲罗鲑（0.32±0.02 g，S 组；19.12±0.82 g，M 组；76.35±6.25 g，B 组；1163.15±15.65 g，L 组）的胃排空率。每体重组 3 个重复，S 组、M 组和 B 组每重复 100 尾鱼，L 组每重复 10 尾。

胃排空率试验均在上述养殖设施中进行（S 组、M 组、B 组和 L 组分别放养于容积 100 L 平列槽，300 L、500 L 和 500 L 水族箱中）。试验开始前，鱼饥饿 72 h。试验当天上午 6:00 饱食投喂一次，至所有试验鱼充分饱食。投喂 40 min 后，吸取残饵，然后，定时取样。在 24 h 内每隔 1 h 随机取样，每次每重复随机取 3 尾，用 MS-222 水溶液麻醉，称重，即时在冰盘上解剖。取出胃中内含物 65℃烘干至恒重，称重，计算胃内含物比率。

9.1.2.3 投喂时间试验

试验各处理组投喂时间为 F1 组（0:00），F2 组（3:00），F3 组（6:00），F4 组（9:00），F5 组（12:00），F6 组（15:00），F7 组（18:00），F8 组（21:00），每处理组 3 个重复，每缸 100 尾。养殖条件同上。

试验鱼初始体重为 0.64±0.01 g。生长试验开始时，随机选取体质健壮、规格均匀试验鱼，称重，随机放养于平列槽（每槽容积 100 L）中。试验采取一次饱食投喂方法进行投喂。试验期间，每次饲喂完后，收集残饵，65℃烘干，计算饲料消耗量。试验结束时，试验鱼饥饿 24 h，称取每槽终末体重。生长试验周期 28 d。

9.1.3 生物学指标计算方法

增重率（Weight growth rate，WGR，%）=100×（$Wt-W_0$）/W_0;

饲料系数（Feed conversion ratio，FCR）=Fi/（$Wt-W_0$）；

胃内含物比率（Digesta ratio in stomach，%/w）=100×Sd/W;

摄食率（Feeding rate，%/w）=Fi/W;

式中：W 为鱼体湿重（g）；W_0 为初重（g）；Wt 为终重（g）；Sd 为胃内含物干重（g）；Fi 为饲料消耗量（g）。

9.1.4 统计分析

数据用 Microsoft Excel 2003 整理，以平均值±标准差（Mean ± SD）表示，用统计软件 SPSS for Windows 19.0 进行单因素方差分析（One-way ANOVA）和 Duncan's 多重比较，显著性水平 P 值为 0.05。以 Sigma Plot 12.5 软件进行绘图。

9.2 结果

9.2.1 摄食节律

结果表明，不同体重哲罗鲑（0.31±0.03 g，S 组；19.83±0.59 g，M 组；74.19±7.50 g，B 组；1150.19±18.52 g，L 组）摄食节律曲线均呈双峰型（图 9-1 ~ 9-4）。摄食高峰值出现在清晨和黄昏，摄食低谷出现在午夜。

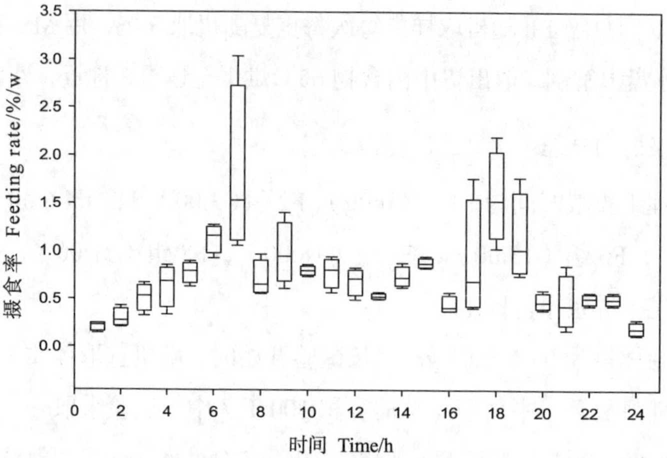

图 9-1　哲罗鲑摄食节律（S 组）

S 组在昼夜中 7:00 和 18:00 摄食率最大，其次是 6:00、9:00、10:00 和 19:00（$P>0.05$），而 0:00、1:00 和 2:00 的摄食率均显著低于 7:00 和 18:00 的摄食率（$P<0.05$）。

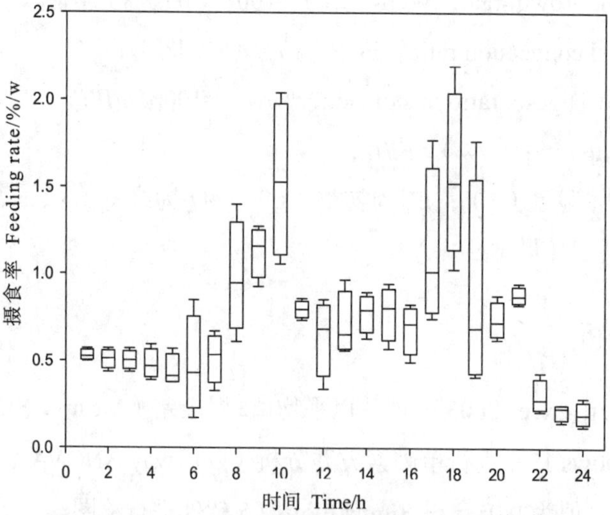

图 9-2　哲罗鲑摄食节律（M 组）

M 组在昼夜中 10:00 和 18:00 摄食率最大，其次是 8:00、9:00 和 17:00（$P>0.05$），而 0:00、22:00 和 23:00 的摄食率均显著低于 10:00 和 18:00 的摄食率（$P<0.05$）。

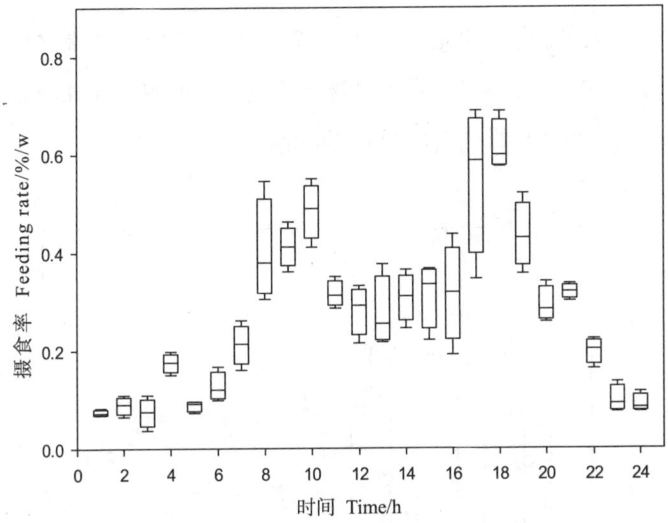

图 9-3　哲罗鲑摄食节律（B 组）

B 组在昼夜中 10:00 和 18:00 摄食率最大，其次是 8:00、9:00、17:00 和 19:00（$P>0.05$），而 0:00、1:00、2:00、3:00 和 23:00 的摄食率均显著低于 10:00 和 18:00 的摄食率（$P<0.05$）。

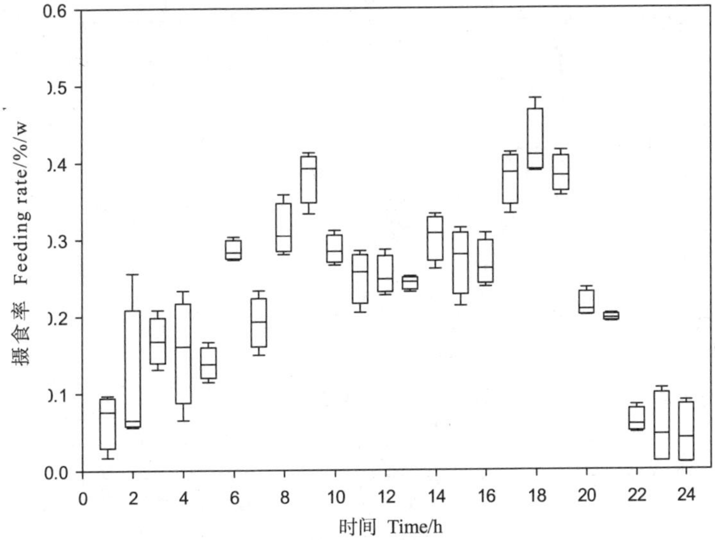

图 9-4　哲罗鲑摄食节律（L 组）

L 组在昼夜中 9:00 和 18:00 摄食率最大，其次是 8:00、10:00、17:00 和 19:00（$P>0.05$），而 0:00、1:00、2:00、22:00 和 23:00 的摄食率均显著低于 9:00 和 18:00 的摄食率（$P<0.05$）。

综合以上结果可以看出，不同体重哲罗鲑的摄食高峰时段出现在 6:00 ~ 10:00 和 17:00 ~ 19:00，且均显著高于其他时段（$P<0.05$）。摄食低谷时段主要出现在午夜 0:00 左右。

9.2.2 胃排空率

不同体重哲罗鲑的胃排空率变化见图 9-5 ~ 9-8。S 组哲罗鲑在摄食后 1 ~ 3 h 胃内容物比率逐渐下降（$P<0.05$），3 ~ 5 h 胃内容物比率缓慢下降（$P>0.05$），5 ~ 8 h 逐渐近空胃状态（$P<0.05$）。5 ~ 6 h 胃内含物排空约 50%。

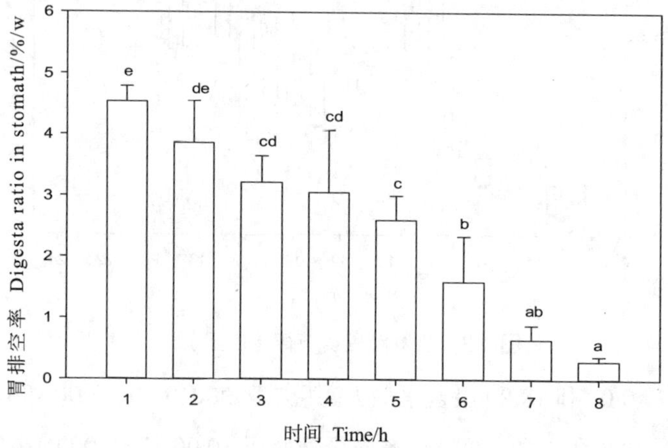

图 9-5　哲罗鲑胃排空率（S 组）

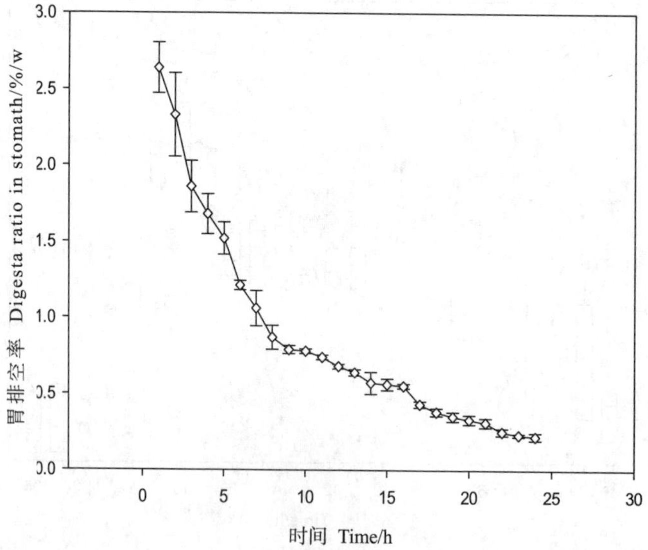

图 9-6　哲罗鲑胃排空率（M 组）

M 组哲罗鲑在摄食后 1 ~ 9 h 胃内容物比率急剧下降（$P<0.05$），9 ~ 16 h 胃内容物比率缓慢下降（$P>0.05$），17 ~ 22 h 逐渐下降，22 ~ 24 h 时则平缓下降（$P>0.05$）。6 ~ 7 h 胃内含物排空约 50%。

B 组哲罗鲑在摄食后 1 ~ 8 h 胃内容物比率急剧下降（$P<0.05$），9 ~ 11 h 胃内容物

比率平缓下降（$P>0.05$），12～22 h 逐渐下降，22～24 h 时胃内容物比率平缓下降（$P>0.05$）。12～14 h 胃内含物排空约 50%。

L 组哲罗鲑在摄食后 1～8 h 胃内容物比率急剧下降（$P<0.05$），9～11 h 胃内容物比率平缓下降（$P>0.05$），12～22 h 逐渐下降，22～24 h 时胃内容物比率平缓下降（$P>0.05$）。13～15 h 胃内含物排空约 50%。

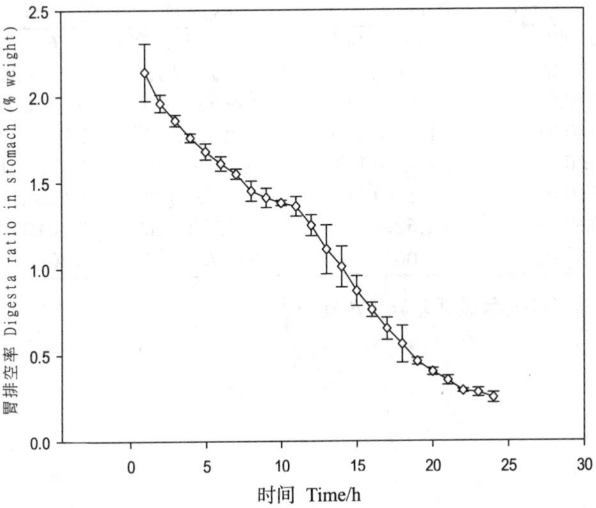

图 9-7　哲罗鲑胃排空率（B 组）

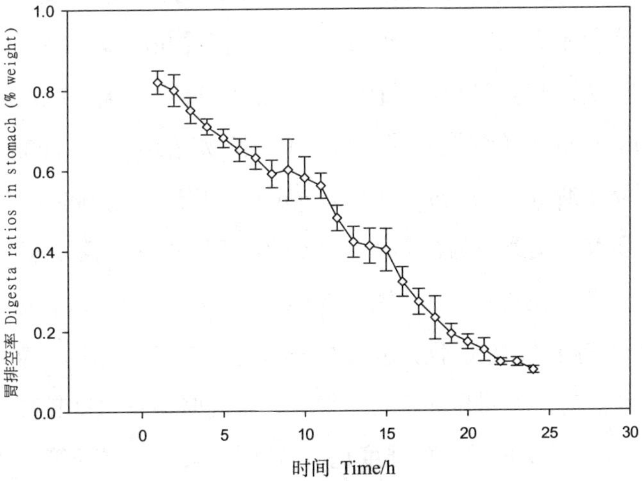

图 9-8　哲罗鲑胃排空率（L 组）

9.2.3 投喂时间试验

投喂时间显著影响哲罗鲑的增重率和饲料效率（见表 9-2）。6:00 和 18:00 投喂组生长性能最好，显著高于 0:00、12:00、15:00 和 21:00 投喂组（$P<0.05$）。6:00 和 18:00 投喂组的饲料系数最低，显著低于 0:00、3:00、12:00、15:00 和 21:00 投喂组（$P<0.05$）。6:00 和 18:00 投喂组的增重率和饲料系数与 9:00 投喂组差异不显著（$P>0.05$）。0:00 和 3:00 投喂组的摄食率显著低于其他投喂组（$P<0.05$）。

表 9-2　投喂时间对哲罗鲑生长和饲料效率的影响

投喂时间 Feeding time	初重 Initial weight /g	终重 Final weigh /g	增重率 WGR /%	饲料系数 FCR	摄食率 FR /（%/w）
0:00	0.65±0.01	1.05±0.08[a]	62.23±11.71[a]	2.76±0.12[d]	1.72±0.36[a]
3:00	0.64±0.02	1.38±0.07[b]	115.73±7.75[b]	2.49±0.05[c]	2.89±0.24[b]
6:00	0.65±0.02	1.68±0.06[d]	159.77±8.70[c]	2.05±0.16[a]	3.29±0.42[b]
9:00	0.64±0.01	1.54±0.06[cd]	140.07±13.55[bc]	2.19±0.02[ab]	3.07±0.28[b]
12:00	0.63±0.02	1.43±0.11[bc]	126.30±22.91[b]	2.37±0.11[bc]	2.98±0.43[b]
15:00	0.65±0.01	1.42±0.11[bc]	119.47±17.90[b]	2.35±0.11[bc]	2.82±0.48[b]
18:00	0.63±0.01	1.62±0.04[d]	154.27±7.10[c]	2.16±0.06[a]	3.33±0.13[b]
21:00	0.65±0.01	1.06±0.08[a]	65.07±10.02[a]	2.70±0.10[d]	1.75±0.22[a]

注：同列数据不同上标字母表示显著差异（$P<0.05$）。

9.3 讨论

9.3.1 摄食节律

本研究结果显示，哲罗鲑不同生长阶段的摄食节律均属于晨昏摄食型，且不同生长阶段的摄食节律性变化不大。摄食高峰值分别出现在黄昏和清晨，摄食低谷出现在午夜。与虹鳟（Douglas，1982）、斑点叉尾鮰（董桂芳等，2013）、杂交鲟（*Acipenser baeri* Brandt × *Acipenser gueldenstaedtii*）（董桂芳等，2013）、长吻鮠（韩冬，2005）、牙鲆（林利民等，2006）、泥鳅（*Misgurnus anguillicaudatus*）（王有基，2008）等摄食节律一致。据刘晓娜（1996）研究，黄颡鱼为夜间摄食型鱼类，眼小，视觉不发达，但触须和嗅囊发达，故主要靠嗅觉和触觉觅食（刘晓娜，1996），与大口鲇（*Silurus meriordinalis*）（邹桂伟等，1994）等底层视觉不发达鱼类仔鱼的摄食节律相同。黄盖鲽（*Limanda ferruginea*）在 20 日龄前，无明显的摄食节律，在日间时摄食强度较高，在黄昏和黎明时摄食强度相对较高，在夜间时摄食强度也有日间的 40%（周勤等，1998）。鼓眼鱼（*Theragra chalcogramma*）在上午、傍晚和黄昏时各有一个摄食高峰（Mathias et al., 1982）。哲罗鲑在夜间无光时不摄食，其摄食主要依靠视觉。大银鱼（*Protosalanx hyalocranius*）也具有类似的摄食规律（薛仁宇等，1997）。哲罗鲑在日间光照强度较大时，肠道充塞度较低，而光照较弱时，肠道充塞度相对较高。可见，虽然哲罗鲑依靠视觉摄食，但喜弱光。哲罗鲑的摄食高峰出现在清晨或黄昏，也可能由于在弱光的条件下其间脑的松果体通过对光线的高效感知而转换成神经和体液信号，进而提高其摄食量（董桂芳等，2013）。

自然条件下，多数鱼类的摄食具有明显的昼夜节律性变化，而且是内源性类似生物钟的现象（Helfman，1986）。然而，对裸项栉鰕虎鱼（*Ctenogobius gymnauchen*）（李建军等，2008）、叉尾斗鱼（*Macropodus opercularis*）（刘宇航等，2010）、泥鳅（王有基，2008）等摄食节律的研究表明，鱼类的摄食节律是与环境变化（光照等）共同作用的结果，其摄食节律因外界环境的变化而改变（Kadri et al., 1997）。光照条件能显著影响鱼类尤其是视觉型鱼类的摄食行为、游泳速度和逃避捕食的能力（Meager et al., 2007）。鲑鱼的趋光行为主要为了集群（Oppedal et al., 2007）。自然条件下，鲑鱼的摄食节律随着环境光照的变化而发生改变，一般摄食高峰出现在黄昏和黎明。哲罗鲑主要以视觉来捕食，且眼睛所占头部的比例较大，日间摄食强度显著高于夜间。另外，不同生长阶段的哲罗鲑在夜间均有较少摄食，这也可能与其他摄食感觉器官如嗅觉、侧线、触觉与味觉等进行辅助摄食有关（Montgomery et al., 1985）。另外，哲罗鲑在弱光条件下摄食较好的意义可能在于，在进化过程中，在食物作为选择的因子作用下，形成了以弱光线作为信号，来寻找食物的趋光行为。

对于主要依赖视觉摄食的鱼类来说，通过延长光照时间可以促进摄食。例如，在持续光照条件下，叉尾斗鱼仔鱼摄食量明显提高，昼夜摄食行为均比较活跃；在黑暗条件下，摄食行为受到抑制（李建军等，2008）。但是，该方法忽略的问题是没有考虑食物的消化程度。哲罗鲑是肉食性鱼类，其胃容量相对较大，胃排空的时间较长，而且其幽门盲囊较多，食物停留的时间长。延长光照时间虽然可促进鱼体的生长，但饲料效率可能有所降低。因此，以光照时间调控生长同样要遵循哲罗鲑本身的摄食节律。

9.3.2 胃排空率

不同生长阶段的哲罗鲑胃内含物排空时间有所差异，且随着体重的增加其胃内含物停留的时间延长。S 组、M 组、B 组和 L 组哲罗鲑分别在摄食 5～6 h、6～7 h、12～14 h 和 13～15 h 时胃内含物排空率约为 50%，这表明投喂强度较大时，可能会干扰鱼体正常状态的胃排空节律。因而，采用分段式间隔投喂方法研究鱼类的摄食节律较为准确。这与斑点叉尾鮰和杂交鲟的研究相似（董桂芳等，2013），与大菱鲆（郑珂珂等，2010）和长吻鮠（韩冬，2005）得出的结论不一致，其可能与胃排空时间和种类差异有关。

斑点叉尾鮰在摄食 9 h 后约 50%胃内含物已排空，杂交鲟在摄食 7 h 后胃内含物约下降了 58%（董桂芳等，2013）。长吻鮠也在摄食 9 h 后胃内含物已排空 76%（韩冬，2005）。Booth 等（2008）报道 5 g 和 20 g 的金赤鲷（*Pagrusau ratus*）10 h 后胃内含物约下降了 61%（Booth et al., 2008）。M 组哲罗鲑（19.83±0.59 g）的胃排空率与 20 g 金赤鲷接近。不同鱼类的胃排空率受胃腔和肠腔能量流动的不同步调节有关（Storebakken et al., 1999）。因此，从胃排空时间来看，哲罗鲑每日应采取多次投喂的方式较好。

9.3.3 投喂时间

关于鱼类摄食节律的研究较多，然而，根据摄食节律设定投喂时间的研究较少（Kotani et al., 2011）。在狼鲈的研究中发现，其血糖水平在日间时最高，而胰岛素水平的最高值出现在午夜（Gutiérrez et al., 1984）。可见，鱼类的投喂时间要遵循鱼体固有的摄食节律才能获得较高的饲料效率，以加快营养物质的合成代谢（Kotani et al., 2011）。鱼类何时进行摄食似乎可以预测，当投喂时间与预测时间（此时生理状态发生改变，如消化道消化酶活性提高）一致时，鱼体的摄食量和饲料效率较高（Vera et al., 2007; Comperatore et al., 1987）。这在泥鳅（Naruse et al., 1994）、大西洋鲑（Juell et al., 1993）、斑马鱼（Blanco-Vives et al., 2009）等鱼类的研究中得到证实。本研究结果显示，投喂时间显著影响哲罗鲑生长，6:00 和 18:00 投喂组的增重率最高，显著高于其他时段投喂组（$P<0.05$），结果与其他鱼类的研究类似。如，投喂时间显著影响虹鳟生长，9:00 投喂组显著低于 16:00 投喂组（Zoccarato et al., 1993）。大菱鲆的生长也受投喂时间影响，其中 6:00、9:00、12:00 投喂组的特定生长率相当于 15:00、18:00、3:00 投喂组的 1/2（郑珂珂等，2010）。日间投喂长丝异鳃鲶（*Heterobranchus longifilis*）的生长速度要低于夜间投喂组（Baras et al., 1998）。投喂时间也显著影响饲料效率。大菱鲆 6:00、9:00 和 12:00 投喂组的饲料效率约为 15:00 和 18:00 投喂组的 1/2（郑珂珂等，2010）。哲罗鲑在 6:00 和 18:00 进行投喂时，饲料效率最高，显著高于其他时段投喂组（$P<0.05$）。此外，淡水白鲳（*Piaractus brachypomus*）等鱼类的饲料效率也受投喂时间的影响（Baras et al., 1998）。

第十章　哲罗鲑的投喂频率及生理响应机制

投喂频率是水产养护管理过程中需要考虑的重要因素。不当的投喂频率会导致鱼体生长缓慢，死亡率升高，个体间分化较大。一般情况下，增加投喂频率可以提高生长和饲料效率。然而，投喂频率过大，劳动力和生产成本增加，同时也降低饲料效率，对水体产生不利影响（Tian et al., 2015; Tucker et al., 2006; Zolfaghari et al., 2011）。因此，深入研究投喂频率对鱼体生长、消化和吸收作用及机制对鱼类的养护管理具有重要意义（宋国等，2011）。本章研究了哲罗鲑不同生长阶段的最适投喂频率及其生理响应机制，以促进生长和提高饲料效率，为规范哲罗鲑养护管理奠定基础。

10.1 材料与方法

10.1.1 试验饲料

饲料配方和营养水平见 9.1.1 节。根据试验鱼的大小，分别制作了粒径为 1 mm、1.5 mm、2 mm 和 4 mm 的颗粒饲料，风干后，于-20℃储存待用。

10.1.2 试验设计和养殖管理

测定不同体重哲罗鲑（0.43±0.03 g，S 组；19.91±0.72 g，M 组；69.22±4.87 g，B 组；960.07±12.56 g，L 组）的最适投喂频率。S 组投喂频率设定为 1 ~ 8 次/d，M 组、B 组和 L 组投喂频率设定为 1 ~ 6 次/d。每处理 3 个重复，S 组、M 组、B 组和 L 组每重复分别放养 100 尾、50 尾、30 尾和 10 尾试验鱼。

试验采取流水养殖方式。试验水为涌泉水，pH7.2 ~ 7.3，水温 13.5 ~ 16.1℃，氨氮 <0.02 mg/L，溶氧>7.0 mg/L。自然光照，光周期为 15 h: 9 d，光照时间 4:00 ~ 19:00。正式试验前，将试验鱼分别放入室内平列槽和玻璃钢水族箱中驯养 2 周，其中平列槽中放养规格约为 0.30 g，玻璃钢水族箱放养规格分别约为 20 g、70 g 和 1100 g。暂养期间，用试验饲料饱食投喂 4 次（6:00、10:00、14:00、18:00）。

投喂频率养殖试验S组平列槽容积100 L，M组、B组和L组水族箱容积分别为300 L、500 L和500 L。试验开始时，从暂养水族箱中随机挑选体质健壮、规格一致的个体放入平列槽或水族箱中，试验鱼饥饿72 h后进行试验，养殖周期35 d。试验期间，养殖条件同上述描述。准确称取饲料，饱食投喂。投喂后40 min，虹吸取出残饵，装袋，65℃烘干，以计算摄食量。残饵溶失率测定见9.1.2.1节。

10.1.3 营养成分

饲养结束后，试验鱼饥饿24 h，S组每重复随机取20尾鱼，M组、B组和L组每重复随机取6尾鱼用于营养成分分析。水分测定以105℃干燥恒重法(干燥时间为48 h)；粗蛋白的测定为凯氏定氮法（总氮×6.25）；粗脂肪的测定以索氏乙醚抽提法（抽提时间为8 h）；灰分的测定为茂福炉灼烧法（550℃灼烧8 h）。另取全鱼和饲料样品，研成粉末，索氏抽提法脱脂，依据GB/T5009.124—2003酸水解法（色氨酸被破坏，未检）以日立L-8900氨基酸分析仪测定氨基酸。

10.1.4 消化酶活性

M组每重复随机取6尾鱼用于消化酶分析。于冰盘取肠道，0.86%冰浴生理盐水洗净，滤纸吸干，称重。按1:9重量体积比（W/V）加入预冷生理盐水，以FJ-200CL高速组织匀浆机匀浆（15 000 r/min，3 min）稀释，4℃条件下4 000 r/min离心10 min，取上清液放入1.5 mL离心管中，-80℃保存备测。试验测定肠道蛋白酶、脂肪酶和淀粉酶活性。

蛋白酶、脂肪酶、淀粉酶活性分别以福林-酚法、聚乙烯醇橄榄油乳化液水解法和淀粉-碘比色法测定（桂远明，2004）。消化酶活性定义：在37℃时，每分钟水解酪素产生1 μg酪氨酸定为一蛋白酶酶活性单位；在37℃时，脂肪酶水解脂肪每分钟产生1 μg分子脂肪酸的酶量为一活性单位；在37℃时，在30 min内，100 mL酶液中淀粉酶能完全水解淀粉10 mg时称为一活性单位（桂远明，2004）。

10.1.5 血清代谢物

M组每重复随机取6尾鱼，尾柄处采血，4℃冰箱中静置30 min，3 000 r/min离心15 min，取血清置于1.5 mL离心管中，-80℃保存。总蛋白（Total protein，TP）、甘油三酯（Triglyceride，TG）、血糖（Blood glucose，GLU）、谷丙转氨酶（Alanine transaminase，ALT）、谷草转氨酶（Aspartate aminotransferase，AST）以全自动生化分析仪（贝克曼

ProCX4，美国）测定，其中 TP 采用化学法，TG 和 GLU 用酶法，ALT 和 AST 用速率法。溶菌酶（Lysozyme，LZM）、超氧化物岐化酶（Superoxide dismutase，SOD）、丙二醛（Malondialdehyde，MDA）、一氧化氮合酶（Nitric oxide synthase，NOS）、皮质醇（Cortisol）采用南京建成生物工程研究所生产的试剂盒测定。

10.1.6 基因表达

10.1.6.1 试剂

RNA 酶抑制剂（Rnasin），逆转录酶（M-MuLV），RNaseA，RNA 提取试剂 Trizol 均购自 Promega 公司。Real-Time PCR 试剂盒购自 TaKaRa 公司。

Taq DNA 聚合酶，dNTP Mixture，Oligo（dT）15，DNA 分子量标准 100 bp ladder，DL2000 DNA 分子量标准，DEPC（焦碳酸二乙酯）。1 kb Plus DNA Ladder 购自 Invitrogen 公司。

10.1.6.2 引物设计

根据 NCBI 上公布的虹鳟和大西洋鲑 Hsp70、Hsp90 和内参 β-actin 的基因序列，用 Primier 5.0 软件设计引物由 Invitrogen 生物工程（上海）有限公司设计并合成。

Hsp70 引物序列为：

上游 5’-TTGAGGGCATCGACTTCT-3’，

下游 5’-GAGGGCTTTCTCCACAGG-3’。

Hsp90 引物序列为：

上游 5’-GACAATGGCAAGGAAT-3’，

下游 5’-CCAGGTAGGCAGAGTAG-3’。

β-actin 引物序列为：

上游 5’-TACGTGGCGCTGGACTTT-3’，

下游 5’-TGCCGATTGTGATGACCT-3’。

10.1.6.3 组织中的总 RNA 提取及 cDNA 合成

试验中所用离心管、微量取样器吸头等均用 DEPC 水处理、高压灭菌后烘干，所用研钵及各种玻璃器皿在 180℃烘箱中烘 4 h 以上。

M 组每重复随机取 3 尾鱼，称取约 100 mg 新鲜肝脏，液氮中研磨成粉末，移入不含 RNA 酶的 1.5 mL 微量离心管中。加入 1 mL 的 TRIZOL 试剂，振荡混匀，室温静置 5 min，4℃下 12000 r/min 离心 15 min。将上清转入另一离心管中，加入 0.2 mL 的酚：氯仿（1:5）试剂，剧烈振荡 15 s 后，静置 2 min，4℃，12000 r/min 离心 10 min。将上清转移到新的 EP 管中，重复抽提一次。将水相转移到新离心管中，加入 0.5 mL 异丙醇室温静置 10 min 后，4℃ 12000 r/min 离心 10 min。弃上清，加入 1 mL 的 75%乙醇洗 RNA 沉淀。振荡后，4℃，7 500 r/min 离心 5 min，弃上清，反复 3 次。空气中干燥 RNA 沉淀 5 ~ 10 min，用 DEPC 水溶解 RNA，甲醛变性胶电泳检测 RNA 质量，获得的 RNA 溶液用于反转录。

以提取的组织总 RNA 为模板，Random primer 为引物，参照 M-MLV 反转录酶说明书进行 cDNA 第一条链合成。

10.1.6.4 Real-time PCR

SYBR Green I 法检测基因表达量变化的试验步骤是根据 TaKaRa 公司提供的试验体系进行的：

每个被检测基因均做 3 个平行样、一个空白样，共做 3 次平行试验。反应体系 20 μL，具体为：

SYBR Premix Ex TaqTM（2×）	10.0 μL
PCR Forward Primer（10 mol/L）	0.4 μL
PCR Reverse Primer（10 mol/L）	0.4 μL
DNA 模板	2.0 μL
ROX Reference Dye II	0.4 μL
dH_2O（去离子水）	6.8 μL
Total	20.0 μL

混合后，利用 ABI 7500 进行 PCR 扩增，具体程序如下：

Stage 1: 预变性

Reps: 1

95℃ 10 s

Stage 2: PCR 反应

Reps: 40

95℃ 5 s

60℃ 34 s

Dissociation Stage：

Real-time PCR 数据分析采用比较 CT 法（ΔΔCT）。数据处理方法为：用每种被检基因（对照组与待检测组）所对应的 *Ct* 值（平均值）分别减去内参的 *Ct* 值（平均值），得到Δ*Ct*；用处理后样品的Δ*Ct* 值减去未处理样品的Δ*Ct* 值，得到ΔΔ*Ct*；最后计算 $2^{-\Delta\Delta Ct}$ 得到增加倍数，将未处理样品的 $2^{-\Delta\Delta Ct}$ 值设为 1。三次平行试验所得 $2^{-\Delta\Delta Ct}$（增加倍数）取平均值，并计算标准差，绘制柱形图。

相对表达量=$2^{-\Delta\Delta CT}=2^{-(\Delta CT_{处理}-\Delta CT_{对照})}=2^{-[(CT_{处理}-CT_{内参})-(CT_{对照}-CT_{内参})]}$，数据取 3 次重复的平均值。

10.1.6.5 数据处理和统计分析

生物学指标计算方法如下：

增重率（Weight growth rate，WGR，%）=100×（$Wt-W_0$）/W_0;

特定生长率（Specific growth rate，SGR，%/d）=100×（lnWt-lnW_0）/t;

成活率（Survival rate，SR，%）=100×Nf/Ni;

饲料系数（Feed conversion ratio，FCR）=Fi/（$Wt-W_0$）;

氨基酸沉积率（Amino acids retention ratio，%）$=\frac{(Wt-Wo)\times Pd\times Pa}{Fi\times Fd\times Fa}\times 100\%$

式中：W_0为初重（g）；Wt为终重（g）；Nf为终末尾数；Ni为初始尾数；Fi为饲料摄入量（g）；t为饲养时间（d）；Pd为鱼体干物质含量（%）；Pa为鱼体氨基酸含量（%）；Fd为饲料干物质含量（%）；Fa为饲料氨基酸含量（%）。

统计分析：

数据整理使用 Microsoft Excel 2003 进行，以平均值±标准差（Mean ± SD）表示，用统计软件 SPSS for Windows 19.0 进行单因素方差分析(One-way ANOVA)和 Duncan's 多重比较，显著性水平 P 值为 0.05。以 Sigma Plot 12.5 软件进行绘图。

10.2 结果

10.2.1 生长性能

投喂频率对不同体重哲罗鲑生长性能的影响见表 10-1 ~ 10-4。经过 35 d 的生长试验，然后比较鱼体生长、饲料效率，获得 S 组、M 组和 B 组的最适投喂频率均为 4 次/d，L 组最适投喂频率为 2 次/d。随着投喂频率的提高，S 组、M 组和 B 组的增重率（WGR）显著升高（$P<0.05$），当投喂频率为 4 次/d 时，增重率达最大值，但投喂频率从 4 ~ 8 次/d 时，各处理组间增重率差异不显著（$P>0.05$）。L 组的增重率随投喂频率的增加而显著升高（$P<0.05$），至 5 ~ 6 次/d 时，增重率显著下降（$P<0.05$），但投喂频率从 2 ~ 4 次/d 时，各处理组间差异不显著（$P>0.05$）。投喂频率为 2 次/d 时，L 组哲罗鲑饲料系数最低，显著低于 4 ~ 6 次/d 处理组（$P<0.05$）。随着投喂频率的提高，S 组和 B 组哲罗鲑的成活率显著提高（$P<0.05$），当投喂频率为 8 次/d 时，成活率达最大值，但与投喂频率 2 ~ 7 次/d 处理组间差异不显著（$P>0.05$）。可见，饱食投喂条件下，S 组、M 组和 B 组的最适投喂频率为 4 次/d，L 组的最适投喂频率为 2 次/d，而投喂频率大于最适频率时，哲罗鲑生长性能并不提高。

表 10-1 投喂频率对 S 组哲罗鲑生长性能的影响

投喂频率 Feeding frequency /（次/d）	初重 Initial weight /g	终重 Final weight /g	增重率 WGR /%	成活率 SR /%
1	0.41±0.00	$1.07±0.14^{a}$	$159.13±35.68^{a}$	$61.57±3.75^{a}$
2	0.43±0.02	$1.94±0.15^{bc}$	$353.61±10.85^{b}$	$86.28±3.69^{b}$
3	0.42±0.02	$1.69±0.08^{b}$	$303.13±9.51^{b}$	$84.80±4.96^{b}$
4	0.44±0.03	$2.30±0.29^{d}$	$424.91±93.76^{c}$	$92.59±1.78^{b}$
5	0.44±0.03	$2.30±0.08^{d}$	$418.19±48.68^{c}$	$90.64±4.63^{b}$
6	0.45±0.02	$1.91±0.29^{bc}$	$327.66±57.75^{bc}$	$86.35±10.65^{b}$
7	0.45±0.02	$2.07±0.16^{cd}$	$363.73±42.41^{bc}$	$90.74±3.61^{b}$
8	0.43±0.01	$2.06±0.02^{cd}$	$381.17±9.66^{bc}$	$93.17±4.06^{b}$

注：同列数据不同上标字母表示显著差异（$P<0.05$）。

表 10-2 投喂频率对 M 组哲罗鲑生长性能的影响

投喂频率 Feeding frequency /（次/d）	初重 Initial weight /g	终重 Final weight g	增重率 WGR /%	成活率 SR /%	饲料系数 FCR
1	19.83±0.34	$34.07±0.57^{a}$	$71.79±2.92^{a}$	93.33±5.77	1.54±0.24
2	20.49±0.23	$37.44±2.79^{ab}$	$82.73±12.87^{ab}$	95.55±6.94	1.50±0.25
3	19.67±0.88	$39.75±4.95^{b}$	$101.82±19.91^{bc}$	96.67±5.77	1.32±0.42
4	20.10±0.12	$41.98±0.56^{b}$	$108.84±3.62^{c}$	94.45±6.94	1.25±0.49
5	20.00±0.29	$38.76±2.92^{ab}$	$93.96±17.27^{abc}$	90.00±8.82	1.44±0.20
6	19.63±0.55	$37.56±1.34^{ab}$	$91.34±5.88^{abc}$	90.00±12.02	1.44±0.28

注：同列数据不同上标字母表示显著差异（$P<0.05$）。

表 10-3 投喂频率对 B 组哲罗鲑生长性能的影响

投喂频率 Feeding frequency /（次/d）	初重 Initial weight /g	终重 Final weight /g	增重率 WGR /%	成活率 SR /%	饲料系数 FCR
1	78.33±5.61	$112.22±6.55^{a}$	$43.37±3.05^{a}$	100.00	1.55±0.05
2	78.78±0.80	$116.29±1.61^{ab}$	$47.62±0.73^{a}$	100.00	1.22±0.30
3	79.59±1.05	$120.37±6.70^{ab}$	$51.31±10.02^{ab}$	100.00	1.21±0.17
4	77.70±1.58	$124.63±6.67^{b}$	$60.36±6.87^{b}$	100.00	1.19±0.22
5	76.44±3.44	$114.63±6.85^{ab}$	$49.92±4.48^{a}$	100.00	1.43±0.02
6	76.52±3.73	$113.89±5.09^{ab}$	$48.87±2.72^{a}$	100.00	1.52±0.27

注：同列数据不同上标字母表示显著差异（$P<0.05$）。

表 10-4 投喂频率对 L 组哲罗鲑生长性能的影响

投喂频率 Feeding frequency /（次/d）	初重 Initial weight /g	终重 Final weight /g	增重率 WGR /%	成活率 SR /%	饲料系数 FCR
1	968.71±8.25	$1150.00±14.93^{a}$	$18.72±1.81^{a}$	100.00	$1.32±0.05^{ab}$
2	957.08±15.05	$1346.67±14.43^{bc}$	$40.73±2.59^{bc}$	100.00	$1.23±0.06^{a}$
3	962.04±13.13	$1383.33±60.28^{bc}$	$43.76±4.86^{bc}$	100.00	$1.27±0.07^{a}$
4	959.26±13.98	$1421.67±60.07^{c}$	$48.26±7.74^{c}$	100.00	$1.40±0.07^{b}$
5	957.78±17.10	$1331.67±61.71^{bc}$	$39.00±4.34^{b}$	100.00	$1.40±0.02^{b}$
6	955.56±14.70	$1325.00±45.83^{b}$	$38.69±5.24^{b}$	100.00	$1.52±0.04^{c}$

注：同列数据不同上标字母表示显著差异（$P<0.05$）。

10.2.2 营养成分

随着投喂频率的增加，哲罗鲑的营养成分变化的趋势基本一致（表 10-5 ~ 表 10-8），粗脂肪沉积量有所增加，而鱼体的粗蛋白、灰分和水分（S 组、M 组和 B 组）无显著差异（$P>0.05$）。投喂频率 2 ~ 6 次/d 时，L 组水分显著低于投喂频率 1 次/d 处理组（$P<0.05$）。

表 10-5　投喂频率对 S 组哲罗鲑营养成分的影响

投喂频率 Feeding frequency /（次/d）	水分 Moisture /%	粗蛋白 Crude protein /%	粗脂肪 Crude lipid /%	灰分 Ash /%
1	80.36±0.09	13.62±0.23	$2.12±0.09^{a}$	2.50±0.15
2	80.26±0.13	13.64±0.65	$2.16±0.09^{a}$	2.46±0.11
3	80.19±0.16	13.71±0.21	$2.21±0.13^{ab}$	2.41±0.17
4	80.08±0.70	14.09±0.65	$2.23±0.10^{ab}$	2.44±0.12
5	79.89±0.67	14.24±0.66	$2.28±0.16^{ab}$	2.40±0.22
6	79.93±0.69	14.30±0.22	$2.43±0.20^{ab}$	2.40±0.07
7	79.69±0.64	13.96±0.56	$2.43±0.39^{ab}$	2.33±0.19
8	80.38±1.19	14.10±0.41	$2.55±0.12^{b}$	2.47±0.37

注：同列数据不同上标字母表示显著差异（$P<0.05$）。

表 10-6　投喂频率对 M 组哲罗鲑营养成分的影响

投喂频率 Feeding frequency /（次/d）	水分 Moisture /%	粗蛋白 Crude protein /%	粗脂肪 Crude lipid /%	灰分 Ash /%
1	75.96±4.03	17.32±0.28	$3.10±0.07^{a}$	2.77±0.38
2	75.98±3.13	17.38±0.50	$3.33±0.23^{ab}$	2.76±0.29
3	78.04±1.80	17.31±0.03	$3.59±0.16^{b}$	2.57±0.18
4	75.30±3.22	17.72±0.39	$3.62±0.05^{b}$	2.85±0.32
5	78.08±3.70	17.42±0.27	$3.52±0.21^{ab}$	2.60±0.38
6	79.51±2.19	17.50±0.18	$3.45±0.48^{ab}$	2.59±0.11

注：同列数据不同上标字母表示显著差异（$P<0.05$）。

表 10-7　投喂频率对 B 组哲罗鲑营养成分的影响

投喂频率 Feeding frequency /（次/d）	水分 Moisture /%	粗蛋白 Crude protein /%	粗脂肪 Crude lipid /%	灰分 Ash /%
1	77.49±0.80	17.74±0.11	$2.63±0.19^{a}$	2.20±0.14
2	78.57±1.16	17.57±0.39	$3.04±0.24^{ab}$	2.12±0.06
3	79.27±1.36	17.65±0.31	$2.97±0.31^{ab}$	2.62±0.48
4	78.58±0.78	17.82±0.17	$2.84±0.18^{ab}$	2.68±0.51
5	76.67±1.32	17.88±0.30	$3.15±0.72^{ab}$	2.33±0.10
6	78.48±3.00	17.71±0.27	$3.51±0.53^{b}$	2.36±0.29

注：同列数据不同上标字母表示显著差异（$P<0.05$）。

表 10-8　投喂频率对 L 组哲罗鲑营养成分的影响

投喂频率 Feeding frequency /（次/d）	水分 Moisture /%	粗蛋白 Crude protein /%	粗脂肪 Crude lipid /%	灰分 Ash /%
1	$78.07±0.13^{b}$	17.22±0.24	$2.42±0.40^{a}$	2.71±0.13
2	$76.96±0.22^{a}$	17.50±0.29	$2.93±0.05^{bc}$	2.64±0.24
3	$76.54±0.14^{a}$	17.57±0.32	$2.83±0.12^{b}$	3.01±0.49
4	$76.68±0.19^{a}$	17.56±0.18	$2.88±0.10^{bc}$	2.81±0.35
5	$76.67±0.65^{a}$	17.48±0.18	$3.25±0.16^{cd}$	2.66±0.27
6	$76.14±0.72^{a}$	17.43±0.06	$3.49±0.19^{d}$	2.67±0.37

注：同列数据不同上标字母表示显著差异（$P<0.05$）。

10.2.3 氨基酸沉积率

投喂频率对哲罗鲑氨基酸沉积率的影响见表 10-9。随着投喂频率的增加，鱼体必需氨基酸沉积率显著增大，至 4 次/d 时必需氨基酸（除赖氨酸）沉积率最大，5 次/d 时赖氨酸沉积率达最大值。5 ~ 6 次/d 时，氨基酸沉积率（除赖氨酸）开始降低，其中精氨酸、组氨酸、亮氨酸、蛋氨酸 + 半胱氨酸均显著降低（$P<0.05$），其他必需氨基酸至 6 次/d 时显著低于 4 次/d 处理组（$P<0.05$）。从图 3-1 中可见，赖氨酸的变化幅度比其他必需氨基酸大。

表 10-9　投喂频率对哲罗鲑氨基酸沉积率的影响

必需氨基酸 Amino acids	投喂频率 Feeding frequency/（次/d）					
	1	2	3	4	5	6
精氨酸 Arginine	18.12 ± 0.02^{a}	21.11 ± 0.02^{b}	25.11 ± 0.02^{c}	28.12 ± 0.02^{f}	26.11 ± 0.03^{e}	23.12 ± 0.04^{d}
组氨酸 Histidine	16.69 ± 1.15^{a}	20.69 ± 0.58^{b}	23.36 ± 1.53^{c}	26.35 ± 1.53^{d}	23.03 ± 1.00^{c}	22.36 ± 1.16^{bc}
异亮氨酸 Isoleucine	18.03 ± 0.03^{a}	21.03 ± 0.05^{b}	24.36 ± 1.16^{c}	25.36 ± 1.52^{c}	24.36 ± 1.52^{c}	20.03 ± 1.00^{b}
亮氨酸 Leucine	18.28 ± 0.40^{a}	21.73 ± 1.16^{b}	26.73 ± 1.53^{d}	28.39 ± 0.58^{e}	26.49 ± 0.74^{d}	24.79 ± 0.46^{c}
赖氨酸 Lysine	19.67 ± 1.53^{a}	19.34 ± 1.53^{a}	25.34 ± 1.53^{b}	32.00 ± 1.00^{c}	33.67 ± 2.08^{c}	26.34 ± 1.53^{b}
蛋氨酸+半胱氨酸 Met+Cys	17.87 ± 0.24^{a}	20.51 ± 1.42^{b}	21.76 ± 1.09^{b}	22.43 ± 1.49^{b}	22.38 ± 1.46^{b}	20.79 ± 1.73^{b}
苯丙氨酸+酪氨酸 Phe+Tyr	19.51 ± 1.35^{a}	21.63 ± 1.31^{ab}	25.38 ± 0.93^{cd}	28.86 ± 0.92^{d}	26.65 ± 0.92^{cd}	24.00 ± 1.89^{b}
苏氨酸 Threonine	19.66 ± 1.44^{a}	22.51 ± 1.91^{ab}	27.25 ± 0.83^{cd}	28.72 ± 2.22^{d}	26.39 ± 1.90^{cd}	25.03 ± 1.64^{bc}
缬氨酸 Valine	19.35 ± 1.53^{a}	21.69 ± 1.15^{a}	26.36 ± 1.53^{c}	26.69 ± 2.31^{c}	25.02 ± 1.73^{bc}	22.36 ± 1.15^{ab}

注：同行数据不同上标字母表示显著差异（$P<0.05$）。

10.2.4 肠道消化酶

投喂频率对哲罗鲑肠道消化酶的影响见图 10-2 ~ 10-4。随着投喂频率的增加，肠道蛋白酶、脂肪酶和淀粉酶活性呈先升高后趋于缓慢降低的趋势。投喂频率从 1 次/d 增加到 4 次/d 时，肠道蛋白酶、脂肪酶和淀粉酶活性显著升高（$P<0.05$）。投喂频率进一步增加时，肠道蛋白酶、脂肪酶和淀粉酶活性降低，但均与 4 次/d 处理组无显著差异（$P>0.05$）。

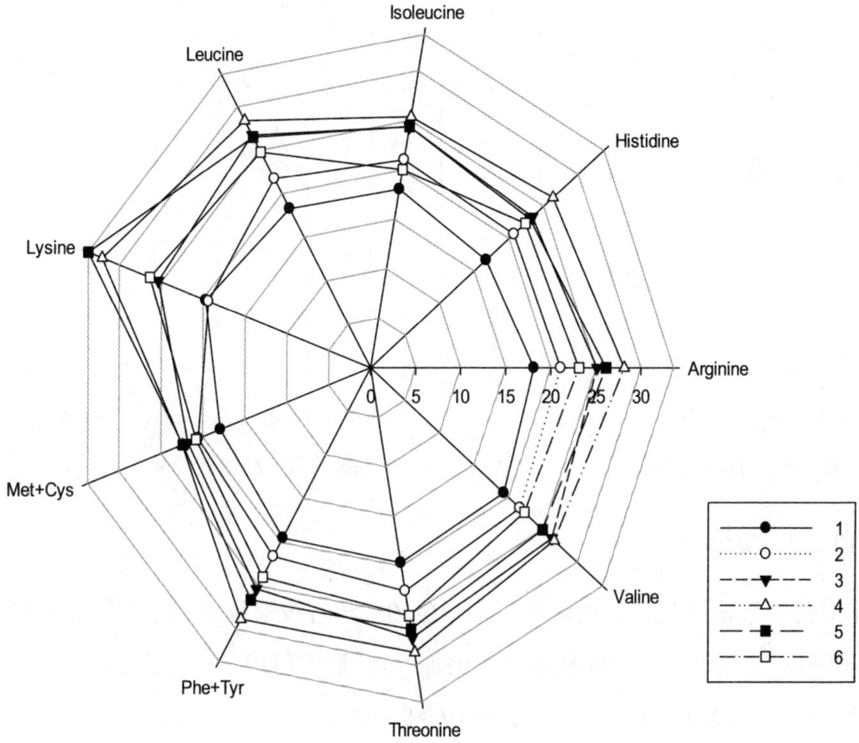

图 10-1　氨基酸沉积率

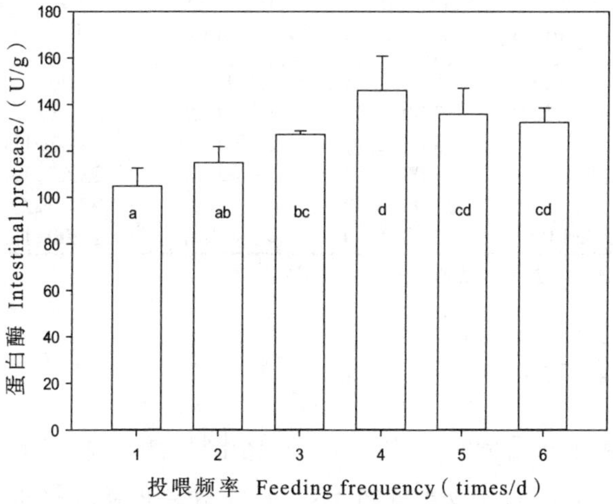

图 10-2　肠道蛋白酶

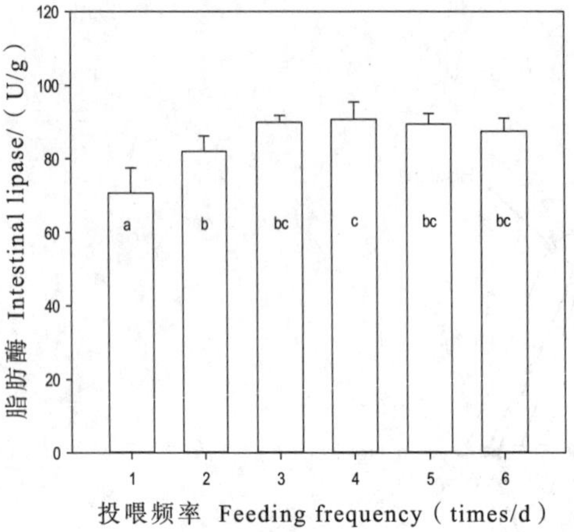

图 10-3 肠道脂肪酶

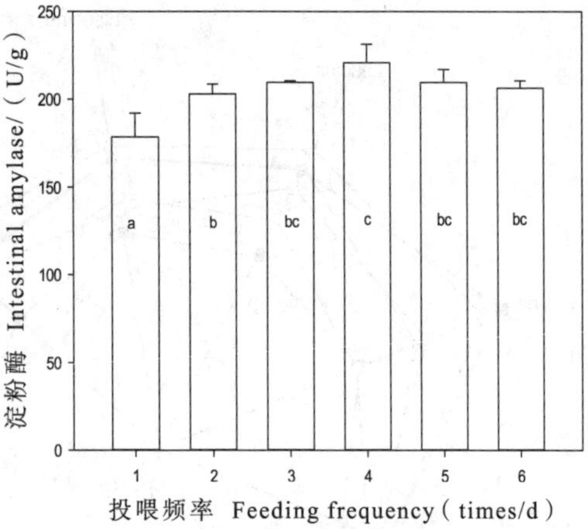

图 10-4 肠道淀粉酶

10.2.5 血清代谢物

投喂频率对哲罗鲑血清代谢物的影响见表 10-10。随着投喂频率的增加，谷草转氨酶（AST）显著降低（$P<0.05$），但投喂频率的增加对血糖（GLU）、谷丙转氨酶（ALT）、总蛋白（TP）和甘油三酯（TG）无显著影响（$P>0.05$）。

表 10-10 投喂频率对哲罗鲑血清代谢物的影响

投喂频率 Feeding frequency /（次/d）	血糖 GLU /（mmol/L）	总蛋白 TP /（g/L）	甘油三酯 TG /（mmol/L）	谷丙转氨酶 ALT /（IU/L）	谷草转氨酶 AST /（IU/L）
1	4.12±0.58	35.20±3.15	4.25±1.34	25.00±3.61	189.67±51.63^{b}
2	3.30±0.23	33.80±1.83	3.77±0.25	24.33±2.31	165.33±29.48^{ab}
3	3.37±0.17	38.63±1.79	2.69±0.58	23.67±1.53	164.33±6.11^{ab}
4	3.19±0.47	38.00±1.37	2.94±0.40	23.67±3.06	130.67±10.79^{a}
5	4.01±0.57	31.90±3.40	4.07±0.95	27.00±2.65	142.33±12.50^{ab}
6	3.84±1.04	32.10±8.60	4.38±3.42	27.00±1.00	119.67±33.02^{a}

注：同列数据不同上标字母表示显著差异（$P<0.05$）。

10.2.6 血清免疫指标

投喂频率对哲罗鲑血清溶菌酶（LZM）、一氧化氮合酶（NOS）、超氧化物歧化酶（SOD）活性和丙二醛（MDA）含量见图 3-5 ~ 3-8。随着投喂频率的增加，血清溶菌酶活性降低，至 5 次/d 和 6 次/d 时达显著差异水平（$P<0.05$）。一氧化氮合酶和超氧化物歧化酶活性表现出类似的趋势，随着投喂频率的增加而降低，分别至 2 次/d 和 3 次/d 时呈现显著差异水平（$P<0.05$）。丙二醛含量随着投喂频率的增加而升高，至 6 次/d 时达最大值，显著高于其他处理组（$P<0.05$），但其他处理组间无显著差异（$P>0.05$）。

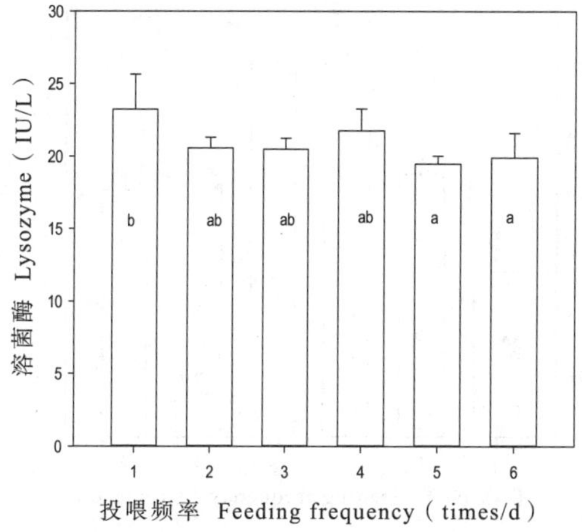

图 10-5　血清溶菌酶

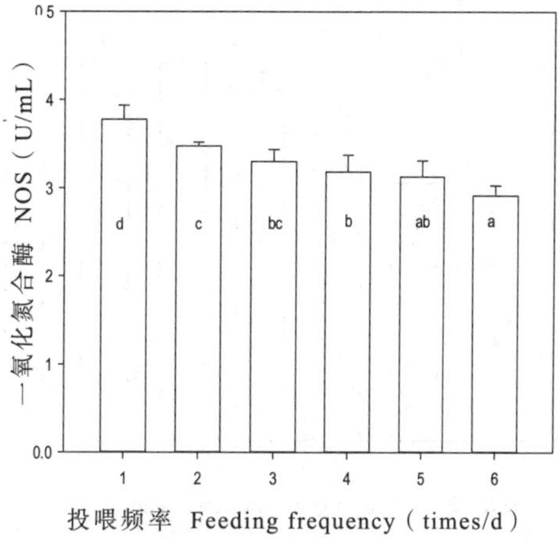

图 10-6　血清一氧化氮合酶

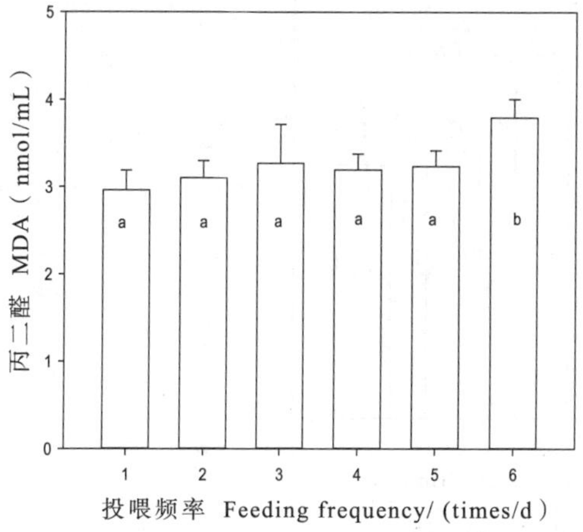

图 10-7　血清丙二醛

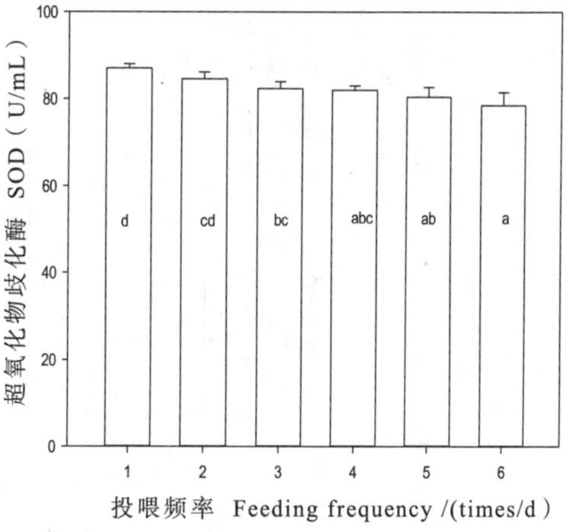

图 10-8　血清超氧化物歧化酶

10.2.7 应激反应

从图 10-9 中可以看出，血清皮质醇含量随着投喂频率的增加而呈显著增大的趋势（$P<0.05$），至 5 次/d 时趋于平缓。肝脏 Hsp70 和 Hsp90 mRNA 表达规律相似，均随着投喂频率的增加呈先升高后降低的趋势，其中至 4 次/d 时达最大值（$P<0.05$），且显著高于其他处理组（图 10-10 ~ 10-11）。

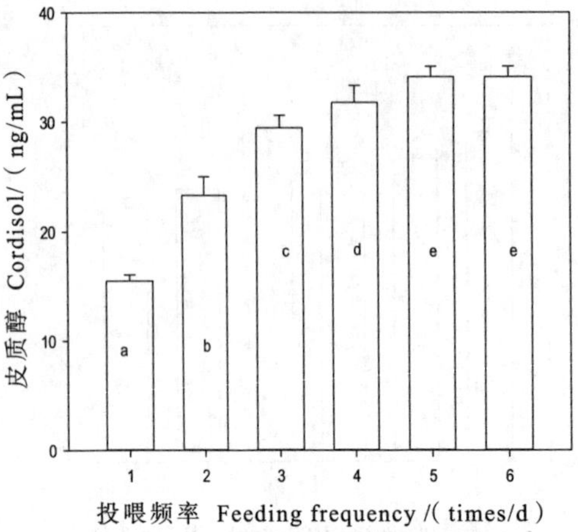

图 10-9 血清皮质醇

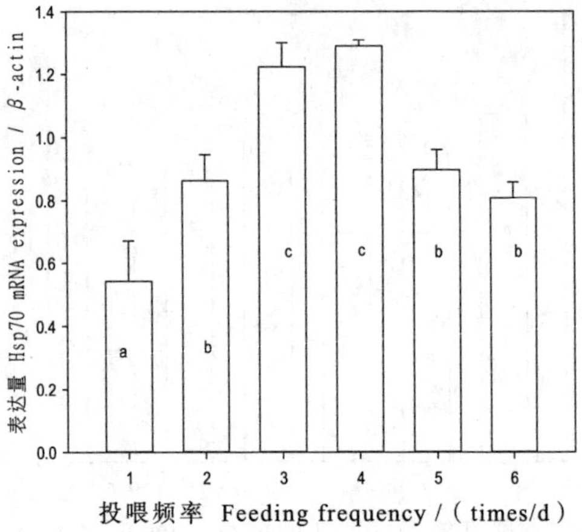

图 10-10 肝脏 Hsp70 mRNA 表达量

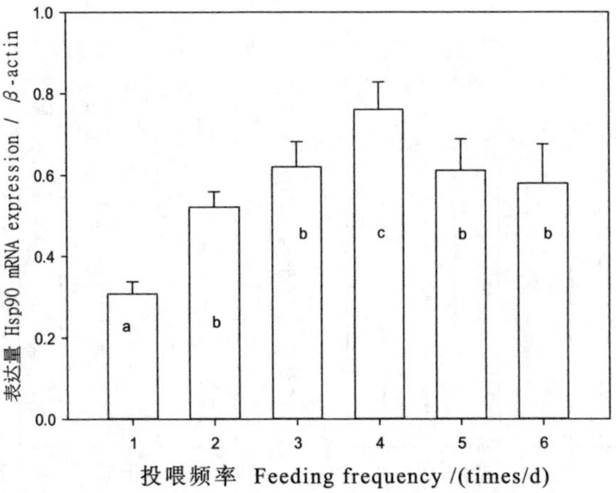

图 10-11 肝脏 Hsp90 mRNA 表达量

10.3 讨论

10.3.1 生长性能

本试验结果显示，S 组、M 组和 B 组哲罗鲑的最适投喂频率均为 4 次/d，L 组的最适投喂频率为 2 次/d，当投喂频率大于最适投喂频率时，生长性能并不提高。Biswas 等（2010）认为，较低的投喂频率不能满足鱼体生长的能量需求，还可能导致生长减缓和饲料效率降低（Biswas et al., 2006）。然而，过高的投喂频率并没有改善哲罗鲑的生长性能，当投喂频率至 6 次/d 时，饲料效率显著下降。结果与团头鲂（*Megalobrama amblycephala*）(Tian et al., 2015)，狼鲈(Tsevis et al., 1992)，黄盖鲽(Dwyer et al., 2002)，大黄鱼（Xie et al., 2011）等研究一致。Liu & Liao（1999）认为，如果投喂频率过高，鱼类的摄食时间间隔缩短，食物通过消化道的速度会加快，从而导致饲料不能有效利用（Liu et al., 1999）。投喂频率较高时，鱼体也增加了摄食活动的次数，导致活动代谢增加，用于生长能的支出相应地会减少（Johansen et al., 1998）。此外，投喂频率过高时，会加剧水体的污染，进而在一定程度上抑制鱼体的生长（Biswas et al., 2006）。

10.3.2 营养成分

本研究发现，随着投喂频率的增加，哲罗鲑的脂肪沉积量有所增加，而蛋白质、灰分、水分（除 L 组外）无显著影响（$P>0.05$）。结果与虹鳟、香鱼（*Plecoglossus altivelis*）（Yao et al., 1994）、大黄鱼（Xie et al., 2011）、团头鲂（Tian et al., 2015）、许氏平鲉（*Sebastes schlegeli*）（Lee et al., 2000）等结果一致。投喂频率的增加可提高鱼体脂肪含量，主要因为较高的投喂频率更容易将其他营养物质转化成脂肪（Cho et al., 2003）。Xie 等（2011）认为，投喂频率较小时，鱼类需要动用较多的能量进行摄食竞争，这加速了蛋白质和脂肪的新陈代谢；当投喂频率增加时，用于摄食竞争的能量支出减少，从而利于蛋白质和脂肪的沉积（Xie et al., 2011）。此外，随着投喂频率的增加，哲罗鲑必需氨基酸的沉积率显著上升（$P<0.05$），至 4～5 次/d 时达峰值。显然，投喂频率增加时，哲罗鲑氨基酸合成代谢较活跃。投喂频率增加时，血清谷草转氨酶（AST）显著降低（$P<0.05$），谷丙转氨酶（ALT）变化规律不明显，因此，投喂频率对提高鱼体氨基酸合成代谢的机理需进一步阐释。

10.3.3 消化酶

随着投喂频率的增加，哲罗鲑肠道蛋白酶、脂肪酶和淀粉酶活性呈先升高后趋于缓慢降低的趋势，与团头鲂（Tian et al., 2015）、大黄鱼（Xie et al., 2011）等研究结果一致。蛋白酶、脂肪酶和淀粉酶是重要的消化酶（Suzer et al., 2008）。消化酶活性增大，表示机体消化能力增强（Furne et al., 2005）。因此，哲罗鲑适宜的投喂频率不仅提高鱼体生长性能，而且改善鱼体的消化机能。然而，随着投喂频率的增加，条石鲷（*Oplegnathus fasciatus*）的主要消化酶活性显著下降（宋国等，2011）。瓦氏黄颡鱼肝胰腺蛋白酶活性不受投喂频率影响，肠蛋白酶活性降低（王武等，2007）。投喂频率对俄罗斯鲟肝脏蛋白酶活性无显著影响，而脂肪酶和淀粉酶活性则随投喂频率的增加而显著升高（崔超等，2014）。这些结果的差异不仅与物种有关，还与试验设计有关。本试验采用饱食投喂法进行投喂频率研究，而俄罗斯鲟等采用固定摄食量的方法（崔超等，2014）。固定摄食量限制了每次摄食量，因此，消化酶的活性变化情况与饱食投喂有所差别。当投喂频率大于 4 次/d 时，哲罗鲑肠道消化酶活性未进一步显著增加，这可能由于肠道分泌的消化酶能力有限，不能继续分泌充足的消化酶消化过多的营养物质。

10.3.4 血清代谢物

血糖是体内重要组织（如神经系统）进行糖异生途径必需的代谢燃料（Moon et al., 1995）。本研究结果显示，投喂频率对血糖（GLU）无显著影响（$P>0.05$），可能血糖对保持哲罗鲑体内环境稳定具有非常重要的作用。随着投喂频率的增加，哲罗鲑血清总蛋白（TP）和甘油三酯（TG）亦未产生显著影响（$P>0.05$），这可能由于投喂频率对鱼体糖代谢水平影响较小，机体通过糖异生途径维持血糖水平的程度有限。血液转氨酶活性反映机体氨基酸代谢强度，其中以谷草转氨酶和谷丙转氨酶最为重要，在蛋白质代谢中起重要作用（刘勇，2008）。哲罗鲑血清谷草转氨酶随着投喂频率的增加而显著降低（$P<0.05$），表明投喂频率可能对肝脏的氨基酸代谢活动产生一定的影响。

10.3.5 免疫力和应激反应

饱食投喂时，投喂频率过大可能会降低鱼体的免疫机能。溶菌酶（LZM）是能水解细菌细胞壁中粘肽的乙酰氨基多糖，并使之裂解被释放出来，形成一个水解酶体系，破坏和消除侵入体内的异物（Watts et al., 2001）。超氧化物歧化酶（SOD）通过催化歧化反应来清除体内过量的 O_2^-；丙二醛（MDA）含量反映机体脂质过氧化的速度和程度，代表自由基的活性（陈瑗等，1991）。一氧化氮（NO）广泛分布于生物体内各组织中，可抑制杀伤病毒、细菌、真菌以及寄生虫的感染（Williams et al., 2006）。随着投喂频率的增加，哲罗鲑溶菌酶、一氧化氮合酶和超氧化物歧化酶活性降低，丙二醛含量升高。可见，随着投喂频率的增加，哲罗鲑的免疫机能有所降低。另外，为验证投喂频率对鱼体是否产生一定的应激反应，本文选取血清皮质醇含量作为衡量指标。血清皮质醇含量随着投喂频率的增加而呈显著增大的趋势（$P<0.05$），至 5 次/d 时趋于平缓。可见，投喂频率的提高对哲罗鲑产生一定的应激反应。此外，鱼类处于不同生理条件下，热应激蛋白会发生改变或出现新的响应阈值（Iwama et al., 1998）。哲罗鲑肝脏 Hsp70 和 Hsp90 mRNA 表达量变化与血清皮质醇的变化规律类似，这可能由于机体受应激后而产生的适应性调整。

第十一章　哲罗鲑的投喂水平及能量学、生理响应机制

摄食水平是影响鱼类生长的重要因素（De Riu et al., 2012; Silverstein et al., 1999; Cho et al., 2007; Kim et al., 2007; Wang et al., 2007; De Almeida Ozório et al., 2009）。当食物缺乏时，导致鱼类生长缓慢、死亡率增加等。鱼类在养殖的条件下，通常采取饱食投喂的方法。在这种情况下，一部分饲料未被摄食，致使养殖成本增加、水体污染加剧。因此，应确定鱼类的最适摄食水平，以优化养护管理水平、节约成本和改善鱼产品的品质。本章结合哲罗鲑的养殖生产实践，探讨投喂水平对其生长、营养成分、消化能力、应激反应和能量收支的影响，为其养护管理提供必要依据。

11.1 材料与方法

11.1.1 试验饲料

试验鱼饲料配方及营养成分含量见表 11-1。饲料中添加 1%的 Cr_2O_3 作为外源指示剂以测定消化率。根据试验鱼的大小制作粒径为 1 mm 的颗粒饲料，风干后，于-20℃储存待用。

表 11-1　饲料配方和营养水平　　%

成分 Ingredients	组成 Composition
鱼粉 Fish meal	45.00
次粉 Wheat middings	30.00
大豆分离蛋白 Soy protein isolated	14.00
鱼油 Fish oil	3.50
豆油 Soybean oil	3.50
磷脂 Lecithin	1.00
磷酸二氢钙 $Ca(H_2PO_4)_2$	1.00
预混剂 Premix	1.00
三氧化二铬 Cr_2O_3	1.00
合计 Total	100.00
总能 Gross energy /（kJ/g）	18.08
粗蛋白 Crude protein	40.02
粗脂肪 Crude lipid	12.15

注：预混剂同 6.1.2 节。

11.1.2 试验设计和养殖管理

试验测定哲罗鲑（2.86±1.15 g）的最适投喂水平。投喂水平为饱食量的 50%、60%、70%、80%、90%、100%。每处理 3 个重复，每重复 50 尾试验鱼。

试验采取循环水养殖方式。水源为自来水，pH 7.2 ~ 7.3，水温 17.0±0.2℃，氨氮<0.2 mg/L，溶氧>7.0 mg/L。人工光照，光周期为 15 h : 9 d，光照时间 4:00 ~ 19:00。正式试验前，将试验鱼分别放入室内玻璃钢水族箱（容积 200 L）中驯养 2 周。暂养期间，用试验饲料饱食投喂 4 次（6:00、10:00、14:00、18:00）。

试验开始时，从暂养水族箱中随机挑选体质健壮、规格一致的个体放入水族箱中，试验鱼饥饿 24 h 后进行试验，养殖周期 56 d。日换水量为 1/3，每天监测水质变化。试验期间，准确称取饲料。投喂后 40 min，虹吸取出残饵，装袋，65℃烘干，以计算摄食量。每天收集粪便，然后干燥，称重，-20℃储存待测。

11.1.3 营养成分和消化率

试验开始时取 15 尾试验鱼用于营养成分分析。饲养结束后，试验鱼饥饿 24 h，每重复随机取 6 尾鱼用于营养成分分析。测定粪便蛋白质和能量含量，饲料和粪便 Cr_2O_3 含量。饲料和粪便 Cr_2O_3 含量采用火焰原子吸收光谱法测定 Cr 元素的含量。水分、粗蛋白、粗脂肪、灰分和氨基酸测定见 10.1.3 节。能量含量用热量计（HWR-15E）进行测定。

11.1.4 消化酶活性

每重复随机取 6 尾鱼肠道用于消化酶分析。消化酶活性测定见 10.1.4 节。

11.1.5 血清代谢物

每重复随机取 12 尾鱼，尾柄处采血，4℃冰箱中静置 30 min，3 000 r/min 离心 15 min，取血清置于 1.5 mL 离心管中，-80℃保存。总蛋白（Total protein，TP）、甘油三酯（Triglyceride，TG）、血糖（Glucose，GLU）以全自动生化分析仪（贝克曼 ProCX4，美国）测定，其中 TP 采用化学法，TG 和 GLU 用酶法。皮质醇（Cortisol）采用南京建成生物工程研究所生产的试剂盒测定。

11.1.6 基因表达

每重复随机取 3 尾鱼，称取约 100 mg 新鲜肝脏，液氮中研磨成粉末，移入不含

RNAase 的 1.5 mL 微量离心管中待测。Hsp70 和 Hsp90 mRNA 表达量测定见 10.1.6 节。

11.1.7 数据处理和统计分析

11.1.7.1 摄食和生长指标

摄食率（Feeding rate，FR）；成活率（Survival rate，SR）；湿重特定生长率（Specific growth rate in wet weight，SGRw）；干重特定生长率（Specific growth rate in dry weight，SGRd）；蛋白特定生长率（Specific growth rate in protein，SGR_P）；能量特定生长率（Specific growth rate in energy，SGRe）；饲料湿重转化率（Feed efficiency in wet weight，FCEw）；饲料干重转化率（Feed efficiency in dry weight，FCEd）；饲料蛋白转化率（Feed efficiency in protein，FCEp）；饲料能量转化率（Feed efficiency in energy，FCEe）：

FR（%/d）$=Fi\times100/\{[(Wt+W_0)/2]\times t\}$;

SR（%）$=100\times Sf/Si$;

SGRw（%/d）$=100\times(\ln Wt-\ln W_0)/t$;

SGRd（%/d）$=100\times[\ln(Wt\times Dt)-\ln(W_0\times D_0)]/t$;

SGRp（%/d）$=100\times[\ln(Wt\times Pt)-\ln(W_0\times P_0)]/t$;

SGRe（%/d）$=100\times[\ln(Wt\times Et)-\ln(W_0\times E_0)]/t$;

FCEw（%）$=100\times(Wt-W_0)/Fi$;

FCEd（%）$=100\times(Wt\times D_t-W_0\times D_0)/(Fi\times D)$；

FCEp（%）$=100\times(Wt\times P_t-W_0\times P_0)/(Fi\times P)$；

FCEe（%）$=100\times(Wt\times E_t-W_0\times E_0)/(Fi\times E)$；

公式中 Wt（g）和 W_0（g）分别为末重和初重，Dt（%）和 D_0（%）分别为终末和初始鱼体干物质含量，Pt（%）和 P_0（%）分别为终末和初始鱼体粗蛋白含量，Et（kJ/g）和 E_0（kJ/g）分别为终末和初始鱼体能量含量，Fi（g）为每尾鱼摄入饲料总量，D（%），P（%）和 E（kJ/g）分别为饲料干物质，粗蛋白和能量含量，t（d）为天数，Sf 为终末尾数；Si 为初始尾数。

11.1.7.2 消化率

排泄率（Excretory rate，U）；排粪率（Faecal rate，F）；干物质表观消化率（Apparent digestibility in dry matter，ADCd）；蛋白质表观消化率（Apparent digestibility in crude protein，ADCp）；能量表观消化率（Apparent digestibility in gross energy，ADCe）：

U/[mg/（g·d）]$=Un/\{[(Wt+W_0)/2]\times t\}$;

F/[mg/（g·d）]$=Fd/\{[(Wt+W_0)/2]\times t\}$;

ADCd（%）$=100\times(1-C_1/C_2)$；

ADCp（%）$=100\times[1-(C_1\times P_2)/(C_2\times P_1)]$;

ADCe（%）=100×[1-（$C_1 \times E_2$）/（$C_2 \times E_1$）]；

公式中 C_1（%）和 C_2（%）分别为饲料和粪便中 Cr_2O_3 的含量，P_1（%）和 P_2（%）分别为饲料和粪便粗蛋白含量，E_1（kJ/g）和 E_2（kJ/g）分别为饲料和粪便的能量含量，*Un*（mg）为平均每尾鱼排泄氮的量，*Fd*（mg）为平均每尾鱼排出的粪便干重。

11.1.7.3 能量收支

摄食能（Food energy，C）；排粪能（Faecal energy，F）；排泄能（Excretory energy，*U*）；代谢能（Metabolic energy，R）；生长能（Growth energy，G）：

$C=F+U+R+G$;

C（kJ）$=Fi \times E$;

F（kJ）$=C\times$（1-ADCe/100）；

U（kJ）$=[(Ni-Nf-Nr)\times 17/14]\times 24.83$;

G（kJ）$=Wt \times Et-W_0 \times E_0$;

R（kJ）$=C-F-U-G$;

式中 E（kJ/g）为饲料能量含量；*Ni*，*Nf* 和 *Nr* 分别为饲料氮、粪便氮和鱼体氮；*Et*（kJ/g）和 E_0（kJ/g）分别为终末和初始鱼体能量含量。

11.1.7.4 统计分析

数据整理使用 Microsoft Excel 2003 进行，数据以平均值±标准差（Mean ± SD）表示，用统计软件 SPSS for Windows 19.0 过程进行单因素（One-way ANOVA）和 Duncan's 多重比较，显著性水平 *P* 值为 0.05。以 Sigma Plot 12.5 软件进行绘图，并对 SGRw 和投喂水平之间的相关关系分别进行线性、折线、二次曲线、三次曲线回归分析。

11.2 结果

11.2.1 生长性能

投喂水平对哲罗鲑生长和饲料效率的影响见表 11-2。各组成活率均为 100%。投喂水平（FL）对哲罗鲑生长有显著影响（$P<0.05$），终末鱼体湿重（FBW），湿重特定生长率（SGRw），干重特定生长率（SGRd），蛋白特定生长率（SGRp），能量特定生长率（SGRe）均随投喂水平的增加而增加，至 80%投喂水平时，呈减速增长的趋势。饲料湿重转化率（FCEw），饲料干重转化率（FCEd），饲料蛋白转化率（FCEp），饲料能量转化率（FCEe）均随投喂水平的增加而增加，在 80%投喂水平时达到最大值，随后随投喂水平的增加而降低。80%投喂水平时，湿重转化率显著高于 90%和饱食投喂

组（$P<0.05$），且饲料能量转化率达最大值。

投喂水平与湿重特定生长率，干重特定生长率，蛋白特定生长率，能量特定生长率之间的回归关系如下：

SGRw=3.4153×ln（FL+1）-1.275；R^2=0.9092；

SGRd=2.1046×ln（FL+1）-0.425；R^2=0.8692；

SGRp=2.1172×ln（FL+1）-0.2322；R^2=0.8617；

SGRe=2.1313×ln（FL+1）+0.9131；R^2=0.8750。

表 11-2　投喂水平对哲罗鲑生长和饲料效率的影响

投喂水平 FL	50%	60%	70%	80%	90%	100%
摄食率 FR /（%/bw）	$1.38±0.03^a$	$1.69±0.02^b$	$1.92±0.03^c$	$2.06±0.04^d$	$2.29±0.07^e$	$2.45±0.08^f$
初重 Initial weight /g	2.84±0.04	2.80±0.12	2.87±0.26	2.84±0.14	2.81±0.12	2.99±0.22
末重 Final weight /g	$7.51±0.17^a$	$8.74±0.12^b$	$10.12±0.07^c$	$12.63±1.78^d$	$14.46±0.30^d$	$14.91±0.07^d$
成活率 SR /%	100.00	100.00	100.00	100.00	100.00	100.00
湿重特定生长率 SGRw /（%/d）	$1.73±0.03^a$	$2.03±0.08^b$	$2.25±0.15^c$	$2.66±0.06^d$	$2.92±0.05^e$	$2.87±0.12^e$
干重特定生长率 SGRd /（%/d）	$1.41±0.04^a$	$1.63±0.10^b$	$1.77±0.15^b$	$2.00±0.07^c$	$2.15±0.10^c$	$2.11±0.13^c$
蛋白特定生长率 SGR_p（%/d）	$1.58±0.05^a$	$1.86±0.08^b$	$1.99±0.16^b$	$2.22±0.05^c$	$2.37±0.07^c$	$2.30±0.12^c$
能量特定生长率 SGRe /（%/d）	$2.74±0.02^a$	$3.01±0.09^b$	$3.17±0.1^b$	$3.38±0.07^c$	$3.52±0.08^c$	$3.46±0.14^c$
饲料湿重转化率 FCE_W /%	$116.37±3.67^c$	$108.68±4.32^b$	$103.96±6.37^b$	$109.86±3.60^c$	$104.96±1.73^b$	$96.92±3.69^a$
饲料干重转化率 FCEd /%	28.91±1.03	28.35±2.02	28.34±1.54	29.61±0.91	27.89±0.86	27.14±1.02
饲料蛋白转化率 FCEp /%	47.13±3.41	50.82±2.23	48.98±2.6	51.19±1.04	48.49±0.62	45.47±2.12
饲料能量转化率 FCEe /%	$25.50±1.12^{ab}$	$26.94±0.77^{bc}$	$27.37±1.41^c$	$27.63±0.64^c$	$25.93±0.46^{abc}$	$24.32±0.98^a$

注：同行数据不同上标字母表示显著差异（$P<0.05$）。

11.2.2 最适投喂水平

基于投喂水平和饲料能量转化率之间相关关系，采用线性模型、折线模型、二次曲线模型和三次曲线模型估计哲罗鲑的最适投喂水平（图 11-1 ~ 11-4）。对模型性能（R^2）的比较发现，折线模型表现最佳。根据折线模型回归得出哲罗鲑的最适投喂水平为 76.72%，即投喂水平达饱食量的 76.72%时能量转化率最高。

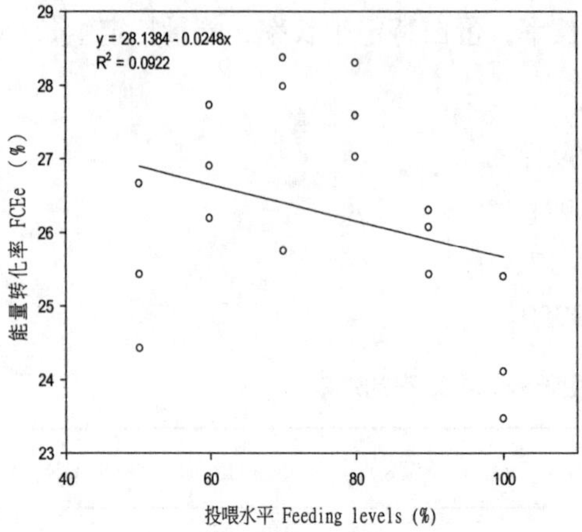

图 11-1 线性回归模型分析

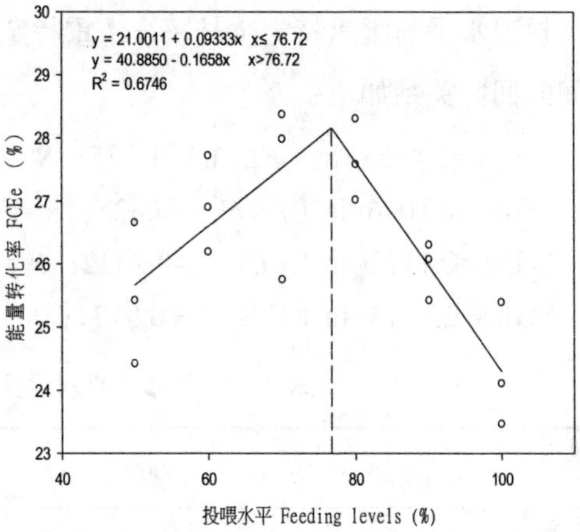

图 11-2 双折线回归模型分析

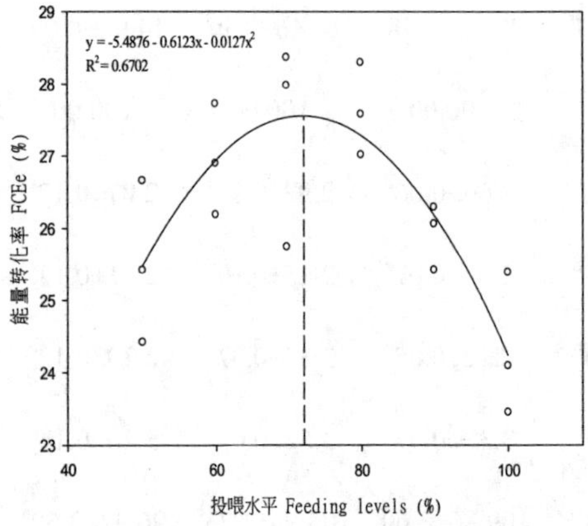

图 11-3 二次曲线回归模型分析

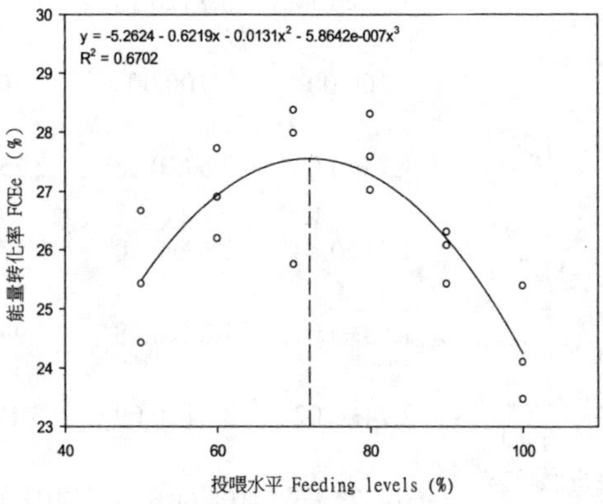

图 11-4 三次曲线回归模型分析

11.2.3 营养成分

投喂水平显著影响哲罗鲑的营养成分（表 11-3）。50%～70%投喂水平时，干物质、粗蛋白、粗脂肪随着投喂水平的增加而增加，灰分含量降低。80%～100%投喂水平时，粗蛋白和粗脂肪含量未进一步显著升高（$P>0.05$），灰分含量亦未显著降低（$P>0.05$）。干物质含量在饱食时达最大值，显著高于 50%、60%和 90%投喂水平组（$P<0.05$）。

表 11-3 投喂水平对哲罗鲑营养成分的影响

投喂水平 FL	干物质 Dry matter /%	粗蛋白 Crude protein /%	粗脂肪 Crude lipid /%	灰分 Ash /%
初始值	20.83±0.37	16.13±0.18	2.60±0.12	2.17±0.08
50%	21.47±0.07^{a}	16.17±0.48^{a}	2.81±0.19^{a}	2.32±0.05^{b}
60%	22.27±0.58^{ab}	17.88±0.21^{b}	2.98±0.14^{ab}	1.95±0.09^{ab}

续表

投喂水平 FL	干物质 Dry matter/%	粗蛋白 Crude protein/%	粗脂肪 Crude lipid/%	灰分 Ash/%
70%	23.10±0.02[bc]	18.08±0.17[b]	3.46±0.37[c]	1.92±0.16[ab]
80%	23.08±0.81[bc]	18.08±0.22[b]	3.19±0.17[bc]	2.02±0.25[ab]
90%	22.90±0.69[b]	18.03±0.10[b]	3.10±0.07[abc]	2.26±0.04[ab]
100%	23.88±0.21[c]	18.24±0.25[b]	3.14±0.07[abc]	1.73±0.58[a]

注：同列数据不同上标字母表示显著差异（$P<0.05$）。

11.2.4 排泄率、排粪率和表观消化率

从表 11-4 可见，哲罗鲑干物质表观消化率（ADCd），蛋白质表观消化率（ADCp），能量表观消化率（ADCe）均随投喂水平的增加而显著降低（$P<0.05$）。排粪率（F）表现出相反的趋势。80%投喂水平时，哲罗鲑的排泄率（U）显著低于其他投喂水平组（$P<0.05$）。饱食投喂组（100%）的表观消化率，蛋白质表观消化率和能量表观消化率显著低于其他投喂水平组（$P<0.05$）。饱食投喂组（100%）的排粪率显著高于 50%～80%投喂水平组（$P<0.05$）。饱食投喂组（100%）的排泄率显著高于 50%、60%、80%和 90%投喂水平组（$P<0.05$）。

表 11-4　投喂水平对哲罗鲑排泄率、排粪率和表观消化率的影响

投喂水平 FL	排泄率 U/[(mg/g·d)]	排粪率 F/[(mg/g·d)]	干物质表观消化率 ADCd /%	蛋白质表观消化率 ADCp /%	能量表观消化率 ADCe /%
50%	0.96±0.02[b]	6.89±0.93[a]	72.42±1.08[de]	91.43±1.15[d]	84.05±0.24[f]
60%	0.97±0.01[b]	8.46±0.02[b]	73.48±1.05[e]	90.11±0.41[d]	82.79±0.28[e]
70%	0.98±0.01[bc]	8.42±0.11[b]	71.09±1.12[d]	87.54±0.64[c]	80.88±0.82[d]
80%	0.90±0.04[a]	8.69±0.09[b]	68.34±0.88[c]	87.33±0.95[c]	76.38±0.80[c]
90%	0.96±0.04[b]	9.71±0.21[c]	62.00±1.14[b]	82.16±0.92[b]	72.41±0.80[b]
100%	1.03±0.04[c]	9.66±0.38[c]	58.22±1.00[a]	80.22±0.59[a]	70.28±0.44[a]

注：同列数据不同上标字母表示显著差异（$P<0.05$）。

11.2.5 氨基酸沉积率

投喂水平对哲罗鲑氨基酸沉积率的影响见表 11-5 和图 11-5。随着投喂水平的升高，哲罗鲑必需氨基酸的沉积率显著上升，至 80%投喂水平时，必需氨基酸（除苯丙氨酸+酪氨酸）沉积率最大；90%投喂水平时，苯丙氨酸+酪氨酸沉积率达最大值；90%～100%投喂水平时，哲罗鲑的氨基酸沉积率（除苯丙氨酸+酪氨酸）开始降低。饱食投喂组（100%）的必需氨基酸（除苯丙氨酸+酪氨酸和蛋氨酸+半胱氨酸）沉积率显著低于 80%投喂水平组（$P<0.05$）。

表 11-5　投喂水平对哲罗鲑氨基酸沉积率的影响

必需氨基酸 Amino acids	投喂水平 FL					
	50%	60%	70%	80%	90%	100%
精氨酸 Arginine	$17.10±1.01^a$	$21.39±1.53^b$	$26.02±1.00^c$	$28.36±1.52^c$	$27.02±2.00^c$	$22.71±2.09^b$
组氨酸 Histidine	$17.04±0.99^a$	$22.69±2.52^b$	$24.02±2.00^{bc}$	$26.35±1.53^c$	$21.69±1.53^b$	$21.02±1.00^b$
异亮氨酸 Isoleucine	$18.36±1.53^a$	$23.05±2.01^{bc}$	$24.72±1.16^{cd}$	$27.06±1.01^d$	$25.07±0.99^{cd}$	$22.03±1.02^b$
亮氨酸 Leucine	$19.75±1.47^a$	$20.00±1.00^a$	$26.34±1.53^{bc}$	$28.34±0.58^c$	$24.67±1.53^b$	$21.67±1.53^a$
赖氨酸 Lysine	$18.34±0.58^a$	$20.36±0.60^b$	$25.74±0.75^c$	$28.50±0.59^d$	$27.18±1.84^{cd}$	$25.69±1.25^c$
蛋氨酸+半胱氨酸 Met+Cys	$18.73±0.69^a$	$21.06±0.79^b$	$21.93±1.59^b$	$22.85±0.90^b$	$21.47±1.15^b$	$21.39±0.63^b$
苯丙氨酸+酪氨酸 Phe+Tyr	$17.34±1.03^a$	$20.21±2.13^{ab}$	$23.35±1.86^{bc}$	$23.47±2.77^{bc}$	$24.35±1.97^c$	$21.57±1.03^{bc}$
苏氨酸 Threonine	$22.17±0.65^a$	$21.90±1.59^a$	$22.75±2.53^a$	$27.09±1.01^b$	$27.05±1.75^b$	$22.59±1.26^a$
缬氨酸 Valine	$19.69±0.58^a$	$21.36±1.53^a$	$23.04±2.63^{ab}$	$25.42±2.06^b$	$22.40±2.10^{ab}$	$21.39±1.15^a$

注：同行数据不同上标字母表示显著差异（$P<0.05$）。

11.2.6 能量收支

投喂水平对哲罗鲑能量收支的影响见表 11-6。方差分析表明，投喂水平对哲罗鲑能量收支有显著影响（$P<0.05$）。排粪能（F）占摄食能（C）的比例随投喂水平的增加而增加。代谢能（R）占摄食能的比例随投喂水平的增加而降低，至 80%投喂水平是趋于平稳，但投喂水平至 100%时，代谢能最大。鱼体的生长能（G）与摄食能的比例在 80%投喂水平时最高，50%投喂水平时最低（25.50%），这与 80%投喂水平组有较高的湿重饲料效率相一致。

表 11-6　投喂水平对哲罗鲑能量收支的影响

投喂水平 FL	生长能 G	排粪能 F	排泄能 U	代谢能 R
50%	$25.50±1.12^{ab}$	$15.95±0.24^a$	$4.00±0.48^b$	$52.58±0.37^d$
60%	$26.94±0.77^{bc}$	$17.21±0.28^b$	$3.27±0.31^a$	$50.07±1.23^c$
70%	$27.37±1.41^c$	$19.12±0.82^c$	$3.44±0.31^{ab}$	$45.33±1.30^b$
80%	$27.63±0.64^c$	$23.62±0.80^d$	$3.42±0.11^{ab}$	$43.09±0.56^a$
90%	$25.93±0.46^{abc}$	$27.59±0.80^e$	$3.39±0.13^a$	$42.12±0.97^a$
100%	$24.32±0.98^a$	$29.72±0.44^f$	$3.85±0.34^{ab}$	$54.54±1.26^e$

注：同列数据不同上标字母表示显著差异（$P<0.05$）。

11.2.7 肠道消化酶

投喂水平对哲罗鲑肠道消化酶的影响见图 11-6 ~ 11-8。随着投喂水平的增加，哲罗鲑肠道蛋白酶、脂肪酶和淀粉酶活性呈先升高后趋于平缓的趋势。投喂水平从 50%增加到 80%时，肠道蛋白酶、脂肪酶和淀粉酶活性显著升高（$P<0.05$）。投喂水平进一步增

加时，肠道蛋白酶、脂肪酶和淀粉酶活性均与 80%投喂水平组无显著差异（$P>0.05$）。

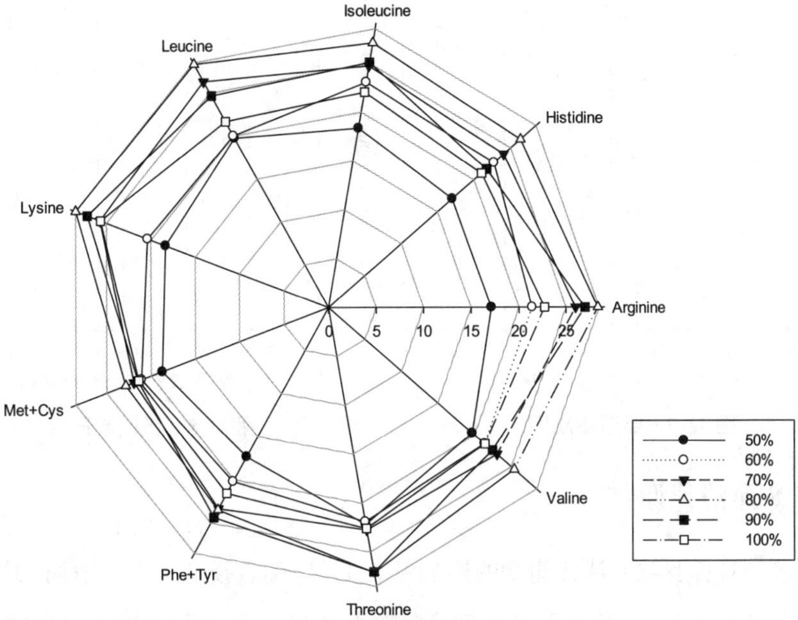

图 11-5　氨基酸沉积率

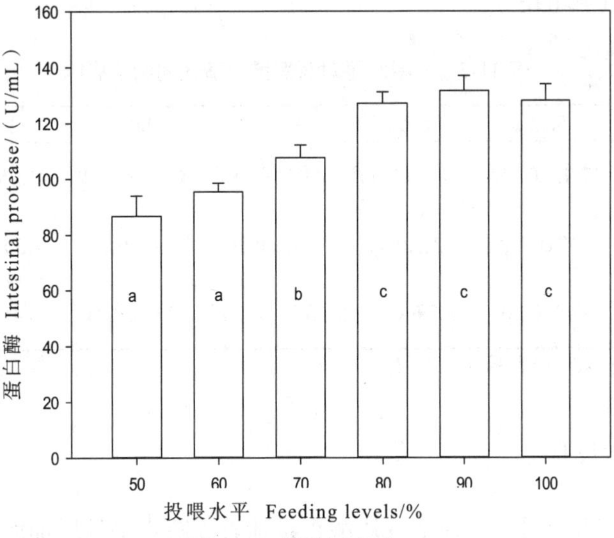

图 11-6　肠道蛋白酶

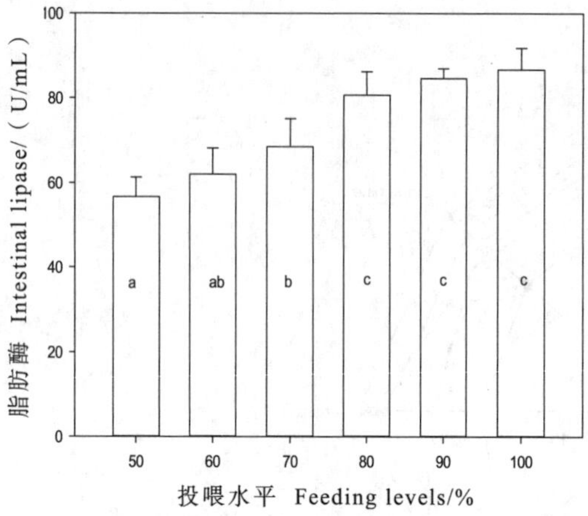

图 11-7 肠道脂肪酶

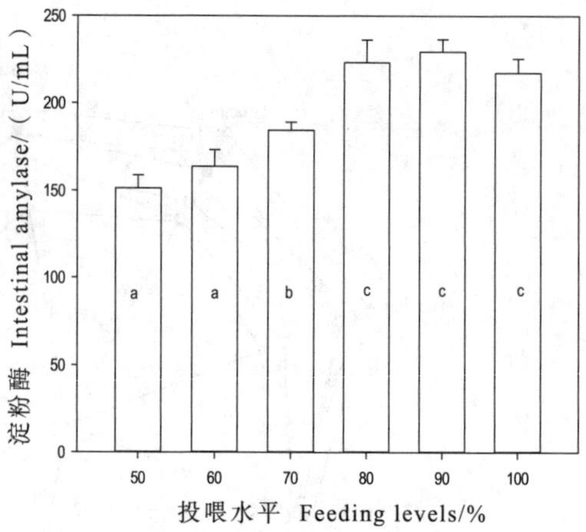

图 11-8 肠道淀粉酶

11.2.8 血清代谢物

投喂水平对哲罗鲑血清代谢物的影响见表 11-7。随着投喂水平的增加，总蛋白（TP）和甘油三脂（TG）含量有所升高，50%投喂水平组显著低于 60%～100%投喂水平组（$P<0.05$），但 60%～100%投喂水平组之间无显著差异（$P>0.05$）。投喂水平对血糖（GLU）水平无显著影响（$P>0.05$）。

表 11-7 投喂水平对哲罗鲑血清代谢物的影响

投喂水平 FL	50%	60%	70%	80%	90%	100%
总蛋白 TP /（g/L）	37.42±0.95[a]	40.45±1.00[b]	41.61±1.55[b]	42.22±1.84[b]	41.95±1.10[b]	41.60±0.77[b]
甘油三脂 TG /（mmol/L）	3.48±0.14[a]	4.27±0.41[b]	4.38±0.20[b]	4.38±0.15[b]	4.30±0.21[b]	4.21±0.17[b]
血糖 GLU /（mmol/L）	3.43±0.20	3.59±0.02	3.74±0.20	3.64±0.21	3.45±0.21	3.52±0.05

注：同行数据不同上标字母表示显著差异（$P<0.05$）。

11.2.9 应激反应

从图 11-9 中可以看出，血清皮质醇含量随着投喂水平的增加而呈显著增大的趋势（$P<0.05$），至 80%投喂水平时趋于平缓。肝脏 Hsp70 和 Hsp90 mRNA 表达规律相似，均随着投喂水平的增加呈增大趋势（图 11-10～11-11），其中至饱食投喂（100%）时达最大值，且显著高于 50%～80%投喂水平组（$P<0.05$）。

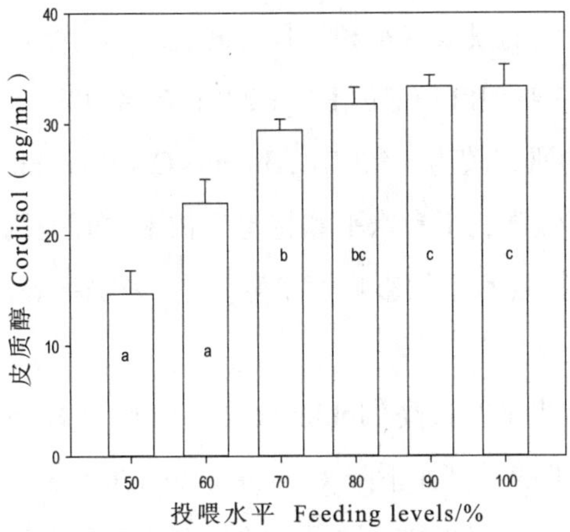

图 11-9　血清皮质醇

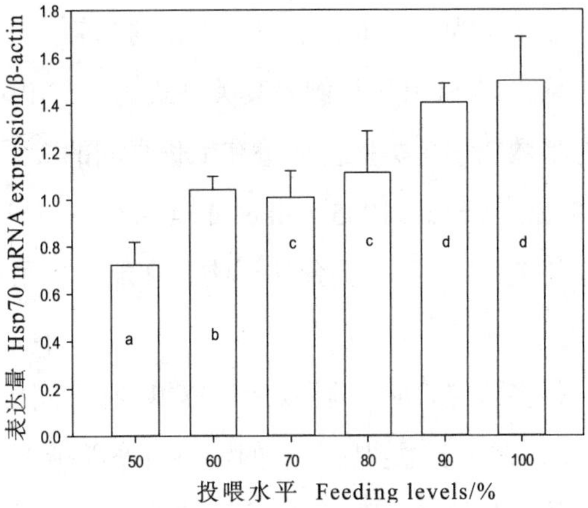

图 11-10　肝脏 Hsp70 mRNA 表达量

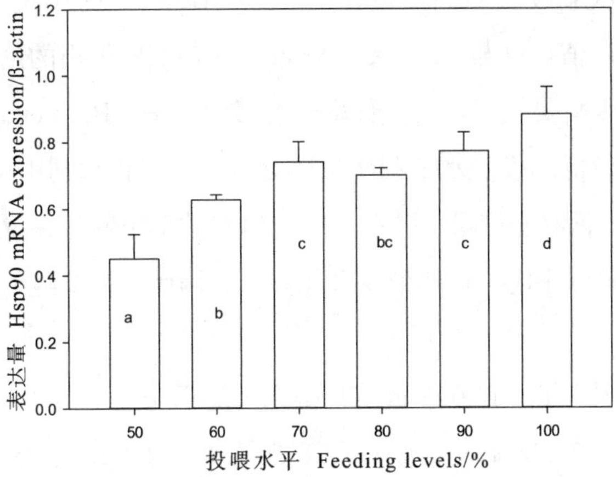

图 11-11　肝脏 Hsp90 mRNA 表达量

11.3 讨论

11.3.1 生长性能

关于鱼类摄食水平和生长之间的关系已有很多报道（Adebayo et al., 2000; Ng et al., 2000; Mihelakakis et al., 2002）（Okorie et al., 2013; 朱晓鸣等，2000）。鱼类在饱食之前，随着摄食水平的提高，其增重率有所增加，如金头鲷（*Sparus aurata*）（Mihelakakis et al., 2002）、高首鲟（Deng et al., 2009）、狼鲈（Eroldoğan et al., 2004）、牙鲆（Cho et al., 2007）和黑斑小鲷（*Pagellus bogaraveo*）（De Almeida Ozório et al., 2009）。哲罗鲑也表现出类似的趋势，湿重特定生长率（SGRw）、干重特定生长率（SGRd）、蛋白

特定生长率（SGRp）、能量特定生长率（SGRe）均随投喂水平（FL）的增加而增加，至投喂水平为 80%时，呈减速增长的趋势。哲罗鲑的投喂水平和生长之间表现为对数增长关系，以 SGRw 为例，其关系式为：SGRw=3.4153×ln（FL+1）-1.275；R^2=0.9092。这与多数描述鱼类摄食水平和生长之间的关系的研究较为一致(De Almeida Ozório et al., 2009; Singh et al., 1985; Cui et al., 1988)。但异育银鲫的摄食水平和特定生长率之间呈线性生长关系，主要因为鱼体干物质和能量含量受摄食水平的影响而发生变化(朱晓鸣等，2000)。

很多研究表明，饲料效率(FCE)在中间摄食水平时最高(Jobling et al., 1994)(Brett et al., 1979)。尼罗罗非鱼的饲料效率随摄食水平的升高而下降（Guzel et al., 2013）。草鱼的饲料效率也随摄食水平升高而增加（Cui et al., 1994）。结果的差异可能与种类和不同的试验设计有关。哲罗鲑饲料湿重转化率（FCEw）、饲料干重转化率（FCEd）、饲料蛋白转化率（FCEp）、饲料能量转化率（FCEe）均随投喂水平的升高而增加，投喂水平至 80%时达峰值。这与 Brett & Groves（1979）所得出的论点一致，其认为饲料效率最高时的摄食水平要低于最大生长率时的摄食水平（Brett et al., 1979），因此，相对饱食投喂而言，较低的投喂水平利于鱼体更有效地消化和利用饲料的营养成分（Van Ham et al., 2003）。哲罗鲑投喂水平在 80%时饲料效率至峰值，说明此时鱼体的增重要大于摄食量，超过该水平时，饲料效率开始降低，因此，哲罗鲑的最适投喂水平要低于饱食量。

本研究根据投喂水平和饲料能量转化率之间的相关关系，用折线模型回归得出哲罗鲑的最适投喂水平为 76.72%，投饲率为 1.88%（体重 2.8 g，水温 13.5 ~ 16.1℃）。Cho 等（2006）对 17 ~ 90 g 和 319 g 牙鲆的研究表明，其最适投喂水平分别为饱食量的 95%和 90%（Cho et al., 2006）。Eroldoğan 等（2004）研究发现 2.6 g 狼鲈的最适投饲率为 2.7% ~ 3.8%（Wang et al., 2007）。30.9 g 鮸状黄姑鱼（*Nibea miichthioides*）的最适投饲率为 5%（Wang et al., 2007），3.95 g 印度鲮（*Cirrhinus mrigala*）的最适投饲率为 5% ~ 5.5%（Khan et al., 2004）。比较不同鱼类的最适投饲率之间的差异较为困难，因为这些结果均为相对值而不是绝对值，但总体来说，鱼类的最适摄食水平低于饱食量(Cho et al., 2006; Kim et al., 2007)。本研究结果显示，80%投喂水平低于哲罗鲑养殖实践中的投喂量。然而，该研究的试验周期相对较短，若在相对较长的周期内进行投喂水平和生长试验可获得更为精确的数据。

11.3.2 营养成分

当投喂水平 50%~70%时，哲罗鲑干物质、粗蛋白和粗脂肪含量随着投喂水平的增加而增加，灰分含量降低；当投喂水平进一步增加时，未出现显著性增加或降低。脂肪增加和水分的减少与其他鱼类如高首鲟（Deng et al., 2009; De Riu et al., 2012）、鳡（杜海明，2007）、虹鳟（Nafisi et al., 2008）等研究结果一致。鱼类摄食水平较低时，鱼体的蛋白质的含量相对比较稳定（Hung et al., 1993），脂肪含量降低（Van Ham et al., 2003），水分和灰分含量升高（Wang et al., 2007）。摄食水平高时，鱼体的脂肪含量升高，进而导致能量的过度蓄积（Cowey，1994）。然而，不同鱼类对摄食水平的生理响应程度不同。Cho 等（2006）研究发现牙鲆的营养成分（除粗蛋白）不受摄食水平影响（Cho et al., 2006）。本试验条件下，哲罗鲑的粗蛋白和氨基酸含量也受投喂水平的影响。随着投喂水平的升高，必需氨基酸的沉积率显著上升（P<0.05），至 80%投喂水平时达峰值。这可能由于哲罗鲑的代谢旺盛，对饲料的蛋白质需求较高且将其储存于鱼体。

11.3.3 消化机能

目前，鱼类摄食水平对消化率的影响主要有三种：①摄食水平增加而消化率降低（Henken et al., 1985）；②摄食水平不影响消化率（Tian et al., 2015）；③摄食水平增加时，消化率也增加（朱晓鸣等，2000; Cui et al., 1988）。本研究表明，哲罗鲑表观消化率（ADC）随着投喂水平的增加而显著降低（P<0.05）。然而，随着投喂水平的增加，哲罗鲑肠道蛋白酶、脂肪酶和淀粉酶活性呈先升高后趋于平缓的趋势。可见，即使哲罗鲑肠道消化酶活性增强，仍然无法充分消化过多的饲料。本研究结果与其他鱼类结果的差异，也反映了种间的差异。

11.3.4 能量收支

哲罗鲑在饱食和 80%投喂水平时的能量收支式分别为：$100C=24.32G+29.72F+3.85U+54.54R$，$100C=27.63G+23.62F+3.42U+43.09R$。结果可以看出，饱食时，其代谢能（R）、排粪能（F）、排泄能（U）的支出较大，用于生长能（G）的比例较低。饱食时，代谢能的比例增大，主要与活动代谢（Ra）的能量比例较高和用于特殊动力代谢（SDA）的比例较大有关。虽然在饱食时哲罗鲑的生长最大，但从能量收支来看其用于生长能的比例要低于 80%投喂水平组，其生长的增加主要通过加大摄食量来实现，而饲料效率并不高。

11.3.5 血清代谢物

血液代谢物可被用作鱼类营养状况的指示物。然而，血液代谢物的变化容易受到外源性（如应激因子、摄食水平等）和内源性（如激素、营养代谢等）因素的影响（McCue, 2010）。随着投喂水平的增加，哲罗鲑血清总蛋白（TP）和甘油三脂（TG）含量有所升高，50%投喂水平组显著低于60%～100%投喂水平组（$P<0.05$），但对血糖（GLU）含量未出现显著影响（$P>0.05$）。结果与牙鲆（Okorie et al., 2013）类似。血糖是体内重要组织如神经系统进行糖异生途径必需的代谢燃料（Moon et al., 1995）。血糖未出现变化，可能由于血糖对保持体内环境稳定具有非常重要的作用。从本试验结果来看，投喂水平降低时，甘油三脂和总蛋白也降低，因为糖异生作用需要动用和分解更多的甘油三酯和氨基酸（McCue，2010）。

11.3.6 应激反应

鱼类血液皮质醇浓度是衡量鱼体应激反应的重要指标。哲罗鲑血清皮质醇含量随摄食水平的增加而呈显著增大的趋势（$P<0.05$），至80%投喂水平时趋于平缓。此外，肝脏 Hsp70 和 Hsp90 mRNA 表达量随着投喂水平的增加呈增大趋势。可见，哲罗鲑对投喂水平的提高产生一定的应激反应，但80%～100%投喂水平组间无显著差异（$P>0.05$）。鱼体在正常的生理状态下热应激蛋白（Hsp）处于较低的水平（Basu et al., 2002），当环境变化时会发生改变或出现新的响应阈值（Iwama et al., 1998）。本结果表明，哲罗鲑蛋白质合成水平随着投喂水平的增加而增加。如果鱼体蛋白质的合成水平增加时，蛋白质代谢如细胞内或细胞间的修复会转运新合成的蛋白质（Hendrick et al., 1993），因此，蛋白质合成的增加或代谢的改变可能是导致肝脏 Hsp70 和 Hsp90 mRNA 表达量发生改变的原因。对虹鳟的研究表明，饥饿能增强鱼体热应激蛋白反应和提高成活率（Cara et al., 2005）。高首鲟在投饲率（15%～25%）较大时，鱼体 Hsp60 和 Hsp70 水平相对较高（Deng et al., 2009）。随着投喂水平的提高，哲罗鲑也产生一定的应激反应，但机体同时会产生一定的保护机制，防止应激反应加剧。

第十二章　体重和水温对哲罗鲑幼鱼摄食的影响及能量学机制

水温和体重是影响鱼类生长和能量学的重要因素（Jobling et al., 1994）。已有研究表明，随着个体的发育，其最适水温条件有所变化。大西洋鳕（Björnsson et al., 2001）、大菱鲆（Imsland et al., 1996）、大西洋庸鲽（*Hippoglossus hippoglossus*）（Jonassen et al., 2000）和狼鲥（*Anahichas minor*）（Imsland et al., 2006）等最适水温随着个体发育而降低。但是，有些鱼类如褐鳟（*Salmo trutta*）（Elliott，1975）、红大麻哈鱼（*Oncorhynchus nerka*）（Brett et al., 1969）、大西洋鲑（Handeland et al., 2003）的最适水温却未随着个体的发育而发生改变。当环境水温高于最适水温时，鱼类的生长速度下降；当鱼类的体重增加时，其生长速度逐渐减小（Jobling，1983）。目前，已经建立了一些鱼类的体重、水温和生长之间的关系，这对预测鱼类的天然分布和饲养状况十分必要。

关于水温和体重对鱼类生长或生物能量学的变化也有较多报道（Imsland et al., 1996; Xie et al., 1992; Sun et al., 2006; Andersen et al., 2003）。然而，水温和体重对哲罗鲑生长和生物能量学的影响未见研究。本章旨在调查水温和体重对哲罗鲑摄食、生长和能量收支的影响，确定水温和体重及其交互作用对哲罗鲑的能量利用对策和转化规律。此外，估测哲罗鲑适宜生长的最适水温，进而优化哲罗鲑的养护条件。

12.1 材料与方法

12.1.1 试验饲料

饲料配方及营养水平含量见表 12-1。饲料中添加 1%的 Cr_2O_3 作为外源指示剂以测定消化率。本试验分别制作了粒径为 1 mm、2 mm 和 4 mm 的膨化颗粒饲料，风干后，于-20℃储存待用。

表 12-1 饲料配方和营养水平 /%

成分 Ingredients	组成 Composition	营养水平 Nutrients levels	含量 Content
鱼粉 Fish meal	43.00	总能 Gross energy（kJ/g）	21.96
次粉 Wheat middings	15.00	粗蛋白 Crude protein	48.06
大豆分离蛋白 Soy protein isolated	11.00	粗脂肪 Crude lipid	21.22
玉米蛋白粉 Corn gluten meal	10.00		
鱼油 Fish oil	8.50		
豆油 Soybean oil	8.50		
磷脂 Lecithin	1.00		
磷酸二氢钙 $Ca(H_2PO_4)_2$	1.00		
预混剂 Premix	1.00		
三氧化二铬 Cr_2O_3	1.00		
合计 Total	100.00		

注：预混剂同 6.1.2 节。

12.1.2 试验鱼驯化

试验采取循环水养殖方式。试验水为自来水，pH 7.0～7.2，氨氮<0.2 mg/L，溶氧>7.0 mg/L，人工光照，光周期为 15 h: 9 d，光照时间 4:00～19:00。正式试验前，将试验鱼分别放入室内玻璃钢水族箱中驯养 2 周，逐渐驯化至试验水温（12～21℃）。暂养期间，用试验饲料饱食投喂 4 次（6:00、10:00、14:00、18:00）。每水族箱水温的日调整量为 2℃，且试验鱼放入设定好水温的水族箱中的时间为 7 d。日换水量为 1/3，每天监测水质变化。

12.1.3 生长试验

试验测定不同体重（17.11±1.25 g，S 组；110.77±10.92 g，M 组；465.15±45.54 g，B 组；1226.25±24.78 g，L 组）和不同水温（12℃、15℃、18℃和 21℃）条件下哲罗鲑的摄食、生长和能量收支变化。其中水温的设置主要参考养殖环境中哲罗鲑的适宜生长水温范围。每处理 3 个重复，其中 S 组、M 组、B 组和 L 组每重复分别放养 100 尾、50 尾、10 尾和 6 尾试验鱼。试验鱼饥饿 48 h 后进行试验，养殖周期 56 d。

试验期间，养殖条件同上述描述（S 组容积 100 L，M 组、B 组和 L 组的容积分别为 300 L、500 L 和 500 L）。准确称取饲料，饱食投喂。投喂后 40 min，虹吸取出残饵，装袋，65℃烘干，以计算摄食量。残饵溶失率测定见 10.1.2 节。每天收集粪便，然后干燥，称重，-20℃储存待测。饲养结束后，试验鱼饥饿 48 h 后称重。

12.1.4 营养成分和消化率

试验开始前，各体重组分别取 15 尾鱼用于初始水分、粗蛋白、粗脂肪、灰分和能量分析。生长试验结束后，S 组、B 组、M 组和 L 组每重复随机取 6 尾鱼用于水分、粗蛋白、粗脂肪、灰分、氨基酸和能量分析。测定粪便的粗蛋白和能量含量，饲料和粪便 Cr_2O_3 含量。饲料和粪便 Cr_2O_3 含量采用火焰原子吸收光谱法测定 Cr 元素的含量。水分、粗蛋白、粗脂肪、灰分和氨基酸测定见 10.1.3 节。能量用热量计（HWR-15E）进行测定。

12.1.5 数据处理和统计分析

12.1.5.1 数据处理

摄食、生长、消化率和能量收支指标计算详见 11.1.7 节。

12.1.5.2 统计分析

数据整理使用 Microsoft Excel 2003 进行，数据以平均值±标准差（Mean ± SD）表示，用统计软件 SPSS for Windows 19.0 过程进行单因素（One-way ANOVA）和双因素方差分析（Two-way ANOVA）和 Duncan's 多重比较，显著性水平 P 值为 0.05。以 Sigma Plot 12.5 软件进行绘图。

12.2 结果

12.2.1 最大摄食率、特定生长率、饲料效率

水温和体重对哲罗鲑最大摄食率（C_{max}）、特定生长率（SGR）、饲料效率（FCE）的影响见表 12-2 和图 12-1。本试验条件下，水温、体重及其交互作用对哲罗鲑最大摄食率有显著影响（$P<0.05$）。同一水温范围内，最大摄食率随体重的增加而呈增大的趋势。同一体重范围内，最大摄食率随水温的增加呈先增加后降低的趋势。各试验水温条件下，最大摄食率与体重的关系用方程 $1nC_{max}=a+bln w$ 表示，回归关系见表 12-3。水温对摄食率（FR）的影响与最大摄食率的影响基本相同，而体重对摄食率的影响与最大摄食率的影响相反。

本试验条件下，水温、体重及其交互作用对哲罗鲑湿重特定生长率（SGRw）、干物质特定生长率（SGRd）、蛋白质特定生长率（SGR_P）和能量特定生长率（SGRe）有显著影响（$P<0.05$），且湿重特定生长率、干物质特定生长率、蛋白质特定生长率和能量特定生长率变化趋势一致。同一水温范围内，湿重特定生长率、干物质特定生长率、

蛋白质特定生长率和能量特定生长率随体重增加而呈减小的趋势。同一体重范围内，湿重特定生长率、干物质特定生长率、蛋白质特定生长率和能量特定生长率随水温的增加呈先增加后降低的趋势，当水温为 18℃时，均达最大值。

水温和体重及其交互作用对哲罗鲑湿重饲料效率（FCEw）、饲料干物质转化率（FCEd）、饲料蛋白质转化率（FCEp）和饲料能量转化率（FCEe）有显著影响（$P<0.05$），且湿重饲料效率、饲料干物质转化率、饲料蛋白质转化率和饲料能量转化率变化趋势一致。同一水温范围内，湿重饲料效率、饲料干物质转化率、饲料蛋白质转化率和饲料能量转化率随体重增加呈先减少后增加的趋势。同一体重范围内，湿重饲料效率、饲料干物质转化率、饲料蛋白质转化率和饲料能量转化率随水温增加呈先增加后降低的趋势，当水温为 15℃或 18℃时至最大值。

表 12-2　水温和体重对哲罗鲑最大摄食率、特定生长率和饲料效率的影响

水温 T/℃	规格 Size	最大摄食率 C_{max} /（g/d）	摄食率 FR /（%/bw）	初重 IBW/g	末重 FBW/g	湿重特定生长率 SGRw/（%/d）	干重特定生长率 SGRd/（%/d）
12.0	S	0.27 ± 0.02^{aW}	1.16 ± 0.02^{dW}	17.49 ± 1.15	29.67 ± 2.08^{aW}	0.94 ± 0.05^{cW}	0.98 ± 0.08^{cW}
12.0	M	1.13 ± 0.03^{bW}	0.82 ± 0.02^{cW}	113.26 ± 0.65	162.00 ± 2.65^{bW}	0.64 ± 0.04^{bW}	0.67 ± 0.08^{bW}
12.0	B	2.61 ± 0.06^{cW}	0.51 ± 0.01^{bW}	462.22 ± 1.07	562.33 ± 4.73^{cW}	0.35 ± 0.01^{aW}	0.35 ± 0.02^{aW}
12.0	L	5.64 ± 0.05^{dW}	0.42 ± 0.01^{aW}	1220.00 ± 26.46	1463.33 ± 32.15^{dW}	0.33 ± 0.01^{aW}	0.33 ± 0.09^{aW}
15.0	S	0.47 ± 0.03^{aX}	1.62 ± 0.05^{dX}	16.48 ± 1.34	42.00 ± 2.65^{aX}	1.67 ± 0.03^{cX}	1.68 ± 0.06^{cX}
15.0	M	1.35 ± 0.05^{bX}	0.93 ± 0.03^{cX}	113.04 ± 0.32	177.33 ± 4.73^{bX}	0.80 ± 0.04^{bX}	0.82 ± 0.03^{bX}
15.0	B	2.96 ± 0.09^{cX}	0.57 ± 0.02^{bX}	464.14 ± 0.07	581.67 ± 4.04^{cX}	0.40 ± 0.01^{aX}	0.41 ± 0.02^{aX}
15.0	L	6.77 ± 0.32^{dX}	0.49 ± 0.02^{aX}	1216.67 ± 15.28	1520.00 ± 36.06^{dWX}	0.39 ± 0.02^{aX}	0.42 ± 0.03^{aX}
18.0	S	0.82 ± 0.03^{aZ}	2.26 ± 0.06^{dZ}	18.05 ± 0.09	54.04 ± 2.17^{aZ}	1.96 ± 0.07^{dZ}	1.97 ± 0.07^{dY}
18.0	M	1.69 ± 0.07^{bZ}	1.13 ± 0.06^{cY}	113.07 ± 0.19	187.00 ± 4.00^{bY}	0.90 ± 0.04^{cY}	0.91 ± 0.04^{cX}
18.0	B	4.70 ± 0.13^{cY}	0.84 ± 0.02^{bY}	464.34 ± 0.34	654.33 ± 7.09^{cY}	0.61 ± 0.02^{bY}	0.62 ± 0.02^{bY}
18.0	L	7.96 ± 0.39^{dY}	0.55 ± 0.01^{aY}	1238.33 ± 33.29	1636.67 ± 51.32^{dY}	0.50 ± 0.01^{aX}	0.53 ± 0.02^{aY}
21.0	S	0.68 ± 0.01^{aY}	1.99 ± 0.06^{dY}	18.18 ± 0.46	50.05 ± 1.16^{aY}	1.81 ± 0.08^{dY}	1.81 ± 0.08^{dX}
21.0	M	1.55 ± 0.08^{bY}	1.05 ± 0.06^{cY}	113.11 ± 0.17	183.67 ± 2.52^{bXY}	0.87 ± 0.02^{cXY}	0.87 ± 0.04^{cX}
21.0	B	5.10 ± 0.10^{cZ}	0.92 ± 0.02^{bZ}	464.21 ± 0.31	649.33 ± 4.51^{cY}	0.60 ± 0.01^{bY}	0.61 ± 0.01^{bY}
21.0	L	8.11 ± 0.30^{dY}	0.58 ± 0.03^{aY}	1230.00 ± 30.00	1551.67 ± 25.66^{dX}	0.41 ± 0.02^{aY}	0.42 ± 0.02^{aX}
双因素方差分析							
水温 T		$P<0.001$	$P<0.001$	—	$P<0.001$	$P<0.001$	$P<0.001$
体重 W		$P<0.001$	$P<0.001$	—	$P<0.001$	$P<0.001$	$P<0.001$
交互作用 T × W		$P<0.001$	$P<0.001$	—	$P<0.001$	$P<0.001$	$P<0.001$
水温 T/℃	规格 Size	蛋白质特定生长率 SGRp/（%/d）	能量特定生长率 SGRe/（%/d）	饲料湿重转化率 FCEw/（%/d）	饲料干重转化率 FCEd/（%/d）	饲料蛋白质转化率 FCEp/（%/d）	饲料能量转化率 FCEe/（%/d）
12.0	S	0.95 ± 0.04^{cW}	0.96 ± 0.05^{cW}	79.67 ± 2.94^{bW}	22.27 ± 1.49^{bW}	27.51 ± 1.28^{W}	17.96 ± 0.80^{aW}
12.0	M	0.65 ± 0.04^{bW}	0.65 ± 0.04^{bW}	76.76 ± 2.84^{b}	21.69 ± 1.88^{ab}	27.09 ± 24.66	17.76 ± 1.26^{ab}
12.0	B	0.35 ± 0.01^{aW}	0.36 ± 0.02^{aW}	68.43 ± 2.25^{aWX}	18.91 ± 0.38^{aWX}	24.66 ± 0.82^{WX}	16.47 ± 0.65^{abWX}
12.0	L	0.32 ± 0.01^{aW}	0.32 ± 0.01^{aW}	77.14 ± 1.88^{bX}	21.73 ± 0.65^{bX}	27.27 ± 1.66^{cX}	18.46 ± 0.99^{bcX}
15.0	S	1.68 ± 0.03^{cX}	1.68 ± 0.04^{cX}	96.29 ± 2.48^{cX}	25.65 ± 0.58^{cX}	33.06 ± 1.11^{cX}	21.96 ± 0.77^{cX}
15.0	M	0.81 ± 0.04^{bX}	0.81 ± 0.04^{bX}	84.99 ± 4.06^{b}	23.13 ± 0.86^{b}	29.76 ± 1.38^{b}	20.17 ± 0.93^{b}
15.0	B	0.41 ± 0.02^{aX}	0.41 ± 0.02^{aX}	70.84 ± 2.12^{aX}	19.59 ± 0.90^{aX}	25.89 ± 0.70^{aXY}	17.52 ± 0.71^{aXY}
15.0	L	0.40 ± 0.02^{aX}	0.40 ± 0.02^{aX}	79.99 ± 3.40^{bX}	23.51 ± 1.61^{bX}	29.30 ± 1.55^{bX}	19.45 ± 0.73^{bX}
18.0	S	1.98 ± 0.08^{dY}	1.99 ± 0.08^{dZ}	78.75 ± 3.07^{aW}	21.20 ± 0.97^{aW}	27.17 ± 1.35^{aW}	18.23 ± 0.92^{aW}
18.0	M	0.90 ± 0.05^{cY}	0.92 ± 0.04^{cY}	78.13 ± 7.80^{a}	21.19 ± 2.11^{a}	27.93 ± 3.02^{a}	19.00 ± 1.75^{a}
18.0	B	0.63 ± 0.03^{bY}	0.63 ± 0.03^{bY}	72.22 ± 2.18^{aX}	19.81 ± 0.67^{aX}	26.50 ± 1.15^{aXY}	17.84 ± 0.58^{aXY}
18.0	L	0.52 ± 0.02^{aY}	0.51 ± 0.01^{aY}	89.41 ± 2.36^{bY}	26.18 ± 0.68^{bY}	33.71 ± 0.63^{bY}	21.96 ± 0.76^{bY}
21.0	S	1.80 ± 0.10^{dX}	1.81 ± 0.09^{dY}	83.90 ± 5.01^{bW}	22.13 ± 1.29^{bW}	29.21 ± 1.87^{bW}	19.51 ± 1.18^{bW}

续表

水温 T/℃	规格 Size	蛋白质特定生长率 SGRp /（%/d）	能量特定生长率 SGRe /（%/d）	饲料湿重转化率 FCEw /（%/d）	饲料干重转化率 FCEd /（%/d）	饲料蛋白质转化率 FCEp /（%/d）	饲料能量转化率 FCEe /（%/d）
21.0	M	0.88±0.03[cXY]	0.88±0.03[cXY]	81.38±6.69[b]	21.76±2.38[b]	29.03±2.16[b]	19.54±1.57[b]
21.0	B	0.60±0.01[bY]	0.61±0.02[bY]	64.77±1.20[aW]	17.88±0.23[aW]	23.22±0.20[aW]	15.91±0.51[aW]
21.0	L	0.40±0.02[aX]	0.41±0.02[aX]	70.85±1.51[aW]	19.79±0.46[abW]	24.87±0.12[aW]	16.89±0.70[aW]
双因素方差分析							
水温 *T*		$P<0.001$	$P<0.001$	$P<0.001$	$P<0.001$	$P<0.001$	$P<0.001$
体重 *W*		$P<0.001$	$P<0.001$	$P<0.001$	$P<0.001$	$P<0.001$	$P<0.001$
交互作用 $T\times W$		$P<0.001$	$P<0.001$	$P<0.01$	$P<0.001$	$P<0.001$	$P<0.001$

注：同列字母表示成对比较结果。不同小写字母（a、b、c）表示每个水温范围内不同体重组之间的差异显著（$P<0.05$）；不同的大写字母（W、X、Y、Z）表示每个体重组范围内不同水温组之间的差异显著（$P<0.05$）。

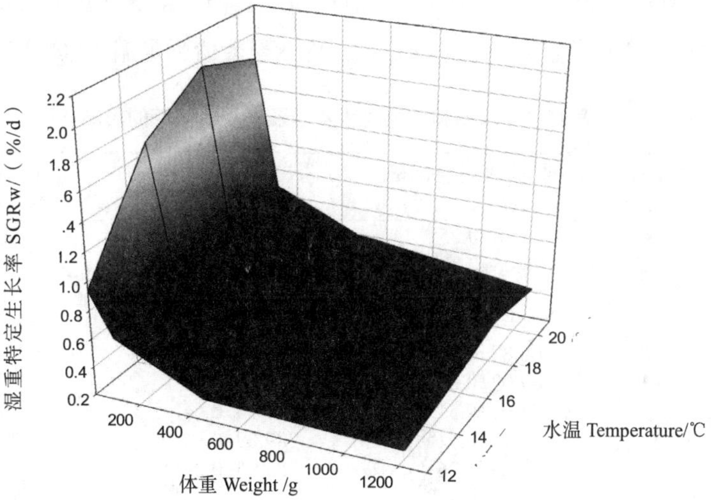

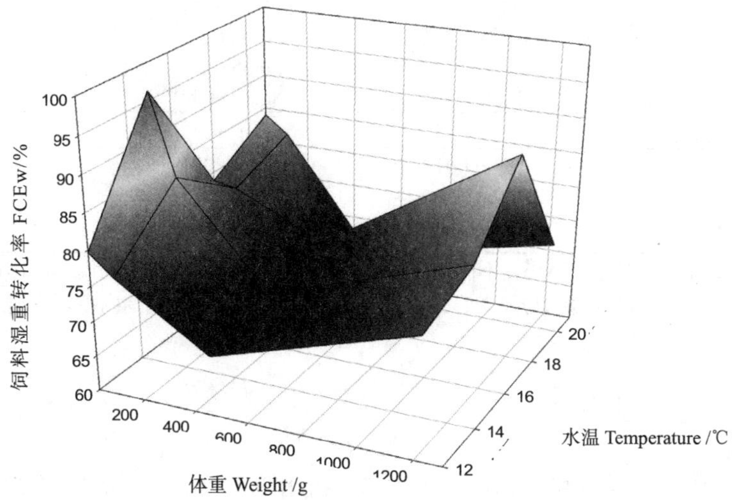

图 12-1　水温和体重对哲罗鲑湿重特定生长率和饲料湿重转化率的影响

表 12-3　不同水温下哲罗鲑的最大摄食率与体重之间的回归关系系数（$\ln C_{max}$=a+b$\ln w$）

水温 *T* /℃	*a*	*b*	*n*	R^2	*P*
12.0	-3.6036	0.7400	12	0.9976	<0.0001
15.0	-3.0730	0.6798	12	0.9952	<0.0001
18.0	-2.5319	0.6340	12	0.9920	<0.0001
21.0	-2.8924	0.6946	12	0.9880	<0.0001
12.00～21.0	-3.0740	0.6956	48	0.9523	<0.0001

水温、体重及其交互作用对哲罗鲑干物质表观消化率（ADCd）、蛋白质表观消化率（ADCp）和能量表观消化率（ADCe）均有显著的影响（P<0.05）（见表 12-4）。同一水温范围内，干物质表观消化率、蛋白质表观消化率和能量表观消化率随体重的增加而增大。同一体重范围内，表观消化率、蛋白质表观消化率和能量表观消化率随水温的增加呈先增加后降低的趋势，水温 18℃时，均达最大值，水温 12℃时，均为最小值。

表 12-4　水温和体重对哲罗鲑及表观消化率的影响

水温 *T* /℃	规格 Size	干物质表观消化率 ADCd /%	蛋白质表观消化率 ADCp /%	能量表观消化率 ADCe /%
12.0	S	$63.10±0.25^{aW}$	$80.35±1.74^{aW}$	$71.40±1.41^{aW}$
12.0	M	$66.06±0.39^{bW}$	$81.69±0.74^{aW}$	$76.95±0.82^{cX}$
12.0	B	$67.12±0.39^{cW}$	$83.56±0.34^{bW}$	$74.58±1.31^{bW}$
12.0	L	$68.04±0.16^{dW}$	$83.63±0.27^{bW}$	$75.50±0.75^{bcW}$
15.0	S	$65.82±0.06^{aX}$	$83.15±0.10^{aX}$	$72.89±0.52^{aWX}$
15.0	M	$69.02±0.20^{bX}$	$84.38±0.49^{bY}$	$78.11±0.17^{bY}$
15.0	B	$73.05±0.51^{cY}$	$88.70±0.64^{cY}$	$79.10±0.65^{cY}$
15.0	L	$73.13±0.51^{cY}$	$89.09±0.24^{cY}$	$79.39±0.36^{cY}$
18.0	S	$67.83±0.26^{aY}$	$83.05±0.24^{aX}$	$76.12±0.77^{aY}$
18.0	M	$71.05±0.34^{bY}$	$83.17±0.15^{aX}$	$78.49±0.55^{bY}$
18.0	B	$74.05±0.47^{cZ}$	$87.01±0.44^{bZ}$	$81.18±0.49^{cZ}$
18.0	L	$74.46±0.14^{cZ}$	$87.67±0.60^{bX}$	$81.25±0.38^{cZ}$
21.0	S	$63.16±0.53^{aW}$	$79.99±0.31^{aW}$	$73.55±0.03^{aX}$
21.0	M	$66.25±0.39^{bW}$	$83.58±0.24^{bXY}$	$74.71±0.71^{bW}$
21.0	B	$70.62±0.57^{cX}$	$86.05±0.42^{cX}$	$76.92±0.62^{cX}$
21.0	L	$71.21±0.90^{cX}$	$86.15±1.75^{cX}$	$77.91±0.10^{dX}$
双因素方差分析				
水温 *T*		*P*<0.001	*P*<0.001	*P*<0.001
体重 *W*		*P*<0.001	*P*<0.001	*P*<0.001
交互作用 *T*×*W*		*P*<0.001	*P*<0.05	*P*<0.001

注：同列字母表示成对比较结果。不同小写字母（abc）表示每个水温范围内不同体重组之间的差异显著（P<0.05）；不同的大写字母（W、X、Y、Z）表示每个体重组范围内不同水温组之间的差异显著（P<0.05）。

12.2.2 营养成分

水温和体重对哲罗鲑干物质、粗蛋白、粗脂肪、灰分的影响见表 12-5。水温和体重均显著影响哲罗鲑干物质、粗蛋白、粗脂肪和灰分的含量（P<0.05）。水温和体重的交

互作用对鱼体干物质和粗蛋白无显著影响（$P>0.05$），但显著影响粗脂肪和灰分含量（$P<0.05$）。同一水温范围内，干物质、粗蛋白和粗脂肪随体重的增加而呈增大的趋势，灰分则相反。同一体重范围内，粗脂肪随着水温的增加而呈增大趋势，而水温对 S 组、M 组和 B 组粗蛋白影响不显著（$P>0.05$）；L 组粗蛋白和干物质在水温 18℃时达最大值；S 组和 B 组干物质无显著影响（$P>0.05$）；M 组干物质随水温增加呈减小的趋势；B 组和 L 组灰分无显著影响（$P>0.05$），S 组和 M 组灰分呈减小趋势。

表 12-5　水温和体重对哲罗鲑营养成分的影响

水温 T/℃	规格 Size	干物质 Dry matter/%	粗蛋白 Crude protein/%	粗脂肪 Crude lipid/%	灰分 Ash/%
12.0	S	23.81 ± 0.26^{a}	16.42 ± 0.29^{a}	2.57 ± 0.03^{aX}	4.07 ± 0.03^{bZ}
12.0	M	23.81 ± 0.11^{abY}	16.64 ± 0.46^{a}	2.69 ± 0.13^{aX}	3.94 ± 0.61^{bY}
12.0	B	24.10 ± 0.09^{ab}	17.18 ± 0.05^{b}	2.95 ± 0.03^{bX}	3.23 ± 0.11^{a}
12.0	L	24.26 ± 0.13^{bW}	17.18 ± 0.07^{bWX}	3.04 ± 0.04^{bW}	3.29 ± 0.12^{a}
15.0	S	23.36 ± 0.44^{a}	16.43 ± 0.11^{a}	2.82 ± 0.06^{aY}	3.36 ± 0.50^{Y}
15.0	M	23.67 ± 0.06^{abXY}	16.76 ± 0.14^{b}	3.07 ± 0.07^{bY}	3.10 ± 0.04^{X}
15.0	B	23.94 ± 0.44^{bc}	17.21 ± 0.14^{c}	3.08 ± 0.07^{bXY}	2.90 ± 0.20
15.0	L	24.42 ± 0.12^{cWX}	17.27 ± 0.08^{cWX}	3.12 ± 0.04^{bWX}	3.28 ± 0.08
18.0	S	23.59 ± 0.06^{a}	16.45 ± 0.18^{a}	2.93 ± 0.08^{aY}	3.47 ± 0.28^{cY}
18.0	M	23.58 ± 0.11^{aXY}	17.07 ± 0.06^{b}	3.12 ± 0.06^{bY}	2.64 ± 0.10^{aX}
18.0	B	24.05 ± 0.27^{a}	17.28 ± 0.08^{c}	3.11 ± 0.10^{bY}	2.90 ± 0.25^{ab}
18.0	L	24.52 ± 0.01^{bX}	17.42 ± 0.04^{cY}	3.08 ± 0.11^{abW}	3.27 ± 0.08^{bc}
21.0	S	23.18 ± 0.09^{a}	16.76 ± 0.13^{a}	2.91 ± 0.08^{aY}	2.76 ± 0.06^{X}
21.0	M	23.45 ± 0.45^{aX}	16.98 ± 0.16^{b}	3.06 ± 0.05^{aY}	2.66 ± 0.57^{X}
21.0	B	24.05 ± 0.05^{b}	17.12 ± 0.07^{b}	3.23 ± 0.11^{bY}	2.95 ± 0.13
21.0	L	24.23 ± 0.10^{bW}	17.14 ± 0.03^{bW}	3.24 ± 0.09^{bX}	3.10 ± 0.10
双因素方差分析					
水温 T		$P<0.05$	$P<0.05$	$P<0.001$	$P<0.001$
体重 W		$P<0.001$	$P<0.001$	$P<0.001$	$P<0.01$
交互作用 $T\times W$		$P>0.05$	$P>0.05$	$P<0.01$	$P<0.01$

注：同列字母表示成对比较结果。不同小写字母（a、b、c）表示每个水温范围内不同体重组之间的差异显著（$P<0.05$）；不同的大写字母（W、X、Y、Z）表示每个体重组范围内不同水温组之间的差异显著（$P<0.05$）。

12.2.3 能量收支

水温和体重及其交互作用对哲罗鲑的能量收支影响见表 12-6。在本试验设定的水温和体重范围内，水温、体重及其交互作用对哲罗鲑生长能（G）、摄食能（C）、排粪能（F）、排泄能（U）和代谢能（R）有显著影响（$P<0.05$）。只有不到 30%的摄食能用于粪便和排泄支出，用于生长和新陈代谢的比例超过 70%，大部分能量被哲罗鲑吸收，15.68%～21.89%能量用于生长能。同一水温范围内，随着体重的增加，排粪能和排泄能呈减少的趋势，生长能呈先减少后增加的趋势，代谢能呈先增大后降低的趋势。同一体重范围内，随着水温的增加，生长能、排泄能和代谢能随水温的增加呈先增大后降低的

趋势，而排粪能随水温的增加呈先减少后增大的趋势。

表 12-6　水温和体重对哲罗鲑能量收支的影响

水温 T/℃	规格 Size	生长能 G	排粪能 F	排泄能 U	代谢能 R
12.0	S	17.76 ± 0.90^{abW}	28.60 ± 1.41^{cY}	3.44 ± 0.12^{cW}	50.20 ± 1.85^{aX}
12.0	M	17.46 ± 1.10^{ab}	23.05 ± 0.82^{aX}	2.51 ± 0.14^{bW}	56.98 ± 1.78^{bX}
12.0	B	16.26 ± 0.56^{aWX}	25.42 ± 1.31^{bZ}	1.30 ± 0.16^{aW}	57.01 ± 0.86^{bW}
12.0	L	18.47 ± 0.55^{bX}	24.50 ± 0.75^{abZ}	1.40 ± 0.19^{aW}	55.63 ± 0.71^{bW}
15.0	S	21.89 ± 0.73^{cX}	27.11 ± 0.52^{cXY}	3.54 ± 0.14^{cW}	47.46 ± 0.80^{aW}
15.0	M	20.00 ± 0.89^{b}	21.89 ± 0.17^{bW}	2.59 ± 0.17^{bW}	55.53 ± 0.61^{bX}
15.0	B	17.03 ± 0.52^{aXY}	20.90 ± 0.65^{aX}	1.69 ± 0.15^{aX}	60.37 ± 0.20^{dX}
15.0	L	19.33 ± 0.84^{bX}	20.61 ± 0.36^{aX}	1.95 ± 0.21^{aX}	58.11 ± 0.53^{cX}
18.0	S	18.08 ± 0.96^{aW}	23.88 ± 0.77^{cW}	4.68 ± 0.16^{cY}	53.37 ± 1.52^{aY}
18.0	M	18.72 ± 1.84^{a}	21.51 ± 0.55^{bW}	3.32 ± 0.45^{bX}	56.44 ± 1.46^{bX}
18.0	B	17.46 ± 0.44^{aY}	18.82 ± 0.49^{aW}	2.65 ± 0.15^{aY}	61.08 ± 0.77^{cX}
18.0	L	21.70 ± 0.63^{bY}	18.75 ± 0.38^{aW}	2.31 ± 0.28^{aX}	57.25 ± 1.02^{bX}
21.0	S	19.51 ± 1.16^{bW}	26.45 ± 0.03^{dX}	4.26 ± 0.23^{bX}	49.79 ± 0.91^{aWX}
21.0	M	19.33 ± 1.52^{b}	25.29 ± 0.71^{cY}	3.02 ± 0.38^{abWX}	52.36±0.66bW
21.0	B	15.68 ± 0.39^{aW}	23.08 ± 0.62^{bY}	3.23 ± 0.07^{ab}	58.00 ± 0.54^{cW}
21.0	L	17.19 ± 0.32^{aW}	22.09 ± 0.10^{aY}	2.27 ± 0.14^{aZX}	58.45 ± 0.45^{cX}
双因素方差分析					
水温 T		$P<0.001$	$P<0.001$	$P<0.001$	$P<0.001$
体重 W		$P<0.001$	$P<0.001$	$P<0.001$	$P<0.001$
交互作用 $T \times W$		$P<0.001$	$P<0.001$	$P<0.001$	$P<0.001$

注：同列字母表示成对比较结果。不同小写字母（a、b、c）表示每个水温范围内不同体重组之间的差异显著（$P<0.05$）；不同的大写字母（W、X、Y、Z）表示每个体重组范围内不同水温组之间的差异显著（$P<0.05$）。

将同一水温范围内不同体重组的能量收支方程合并，得到不同水温范围的哲罗鲑能量收支方程如下：

12℃：$100C=17.49G+25.39F+2.16U+54.95R$；

15℃：$100C=19.56G+22.63F+2.44U+55.37R$；

18℃：$100C=18.99G+20.74F+3.24U+57.03R$；

21℃：$100C=17.93G+24.23F+3.20U+54.65R$。

将同一体重组在不同水温条件下的能量收支方程合并，得到不同体重范围的哲罗鲑能量收支方程如下：

S 组：$100C=19.31G+26.51F+3.98U+50.20R$；

M 组：$100C=18.88G+22.94F+2.86U+55.33R$；

B 组：$100C=16.61G+22.06F+2.22U+59.12R$；

L 组：$100C=19.17G+21.49F+1.98U+57.36R$。

将本试验条件下得到的生长能、摄食能、排粪能、排泄能和代谢能进行线性回归得到图 12-2，可见，摄食能和生长能、排粪能、排泄能和代谢能呈线性正相关关系。

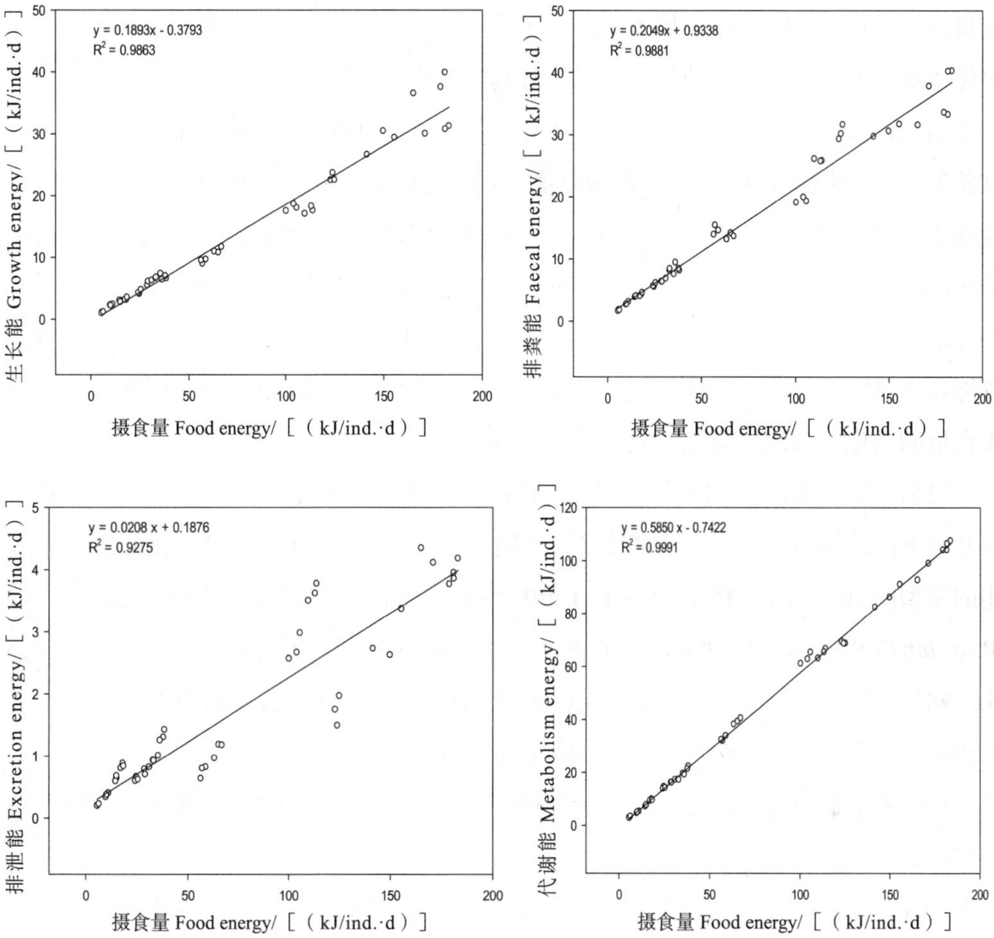

图 12-2　哲罗鲑摄食能和生长能、排粪能、排泄能、代谢能之间的回归关系

12.3 讨论

水温和体重直接影响鱼类的摄食。通常情况下，鱼类的摄食量随水温的增加而增大，至最适水温时达峰值，当水温进一步升高时，摄食量开始下降（Brett et al., 1979）。本试验表现出类似的趋势（表 7-1）。水温从 12 ~ 18℃时，哲罗鲑摄食量增加主要由于随着水温的增加，机体对能量需求增加。当水温升至 21℃时，摄食量开始下降，这归因于基础代谢（Rs）和活动代谢（Ra）随水温增加而增加，接近于哲罗鲑的耐受上限。养殖条件下，水温低于 12℃时，摄食量急剧下降。在养殖生产中发现，在水温低于 12℃或高于 21℃时，哲罗鲑食欲的下降会存在过度投喂的风险。本文选定的哲罗鲑体重范围（17 ~ 1637 g）主要是育成阶段，获得的数据利于指导养殖生产。同一水温范围内，哲罗鲑湿重饲料效率（FCEw）、饲料干物质转化率（FCEd）、饲料蛋白质转化率（FCE_P）和饲料能量转化率（FCEe）随体重的增加呈减小的趋势，即大鱼消耗更多的饲料，但小鱼单位体重需要较少的饲料消耗，表明小鱼其饲料成本较低。

水温和体重直接影响鱼体氮排泄，且随摄食量的增加而增加（Jobling et al., 1994）。本试验条件下，水温和体重显著影响哲罗鲑的排泄能（$P<0.05$），然而体重影响的强度大于水温。已有研究表明，摄食量和体重相对水温而言，对鱼体氮排泄的影响较小（Kaushik, 1981; Kikuchi et al., 1995）（Xie et al., 1997）。对太阳鱼（*Lepomis macrochirus*）（Savitz，1969）和军曹鱼（Sun et al., 2014）的研究也发现类似的规律。此外，哲罗鲑摄食能和排泄能呈显著的线性相关关系（图 7-1），可见，水温和体重主要通过影响鱼体摄食量的变化，进而影响氮排泄的变化。

一般情况下，鱼类的生长随水温的增加而增大，而后达峰值，当水温进一步升高时，生长开始下降。然而，不同的研究其水温范围不同，描述生长和水温之间的相关关系所采用的模型[$SGR=a+bT+cT^2$（Imslandetal.,1996）或 $SGR=a+bT+cT^2+dT^3$（Person-Le, 2004），$SGR=a+b\ln T$（Russelletal.,1996）或 $SGR=aT^b$（Wurtsbaughetal.,1983），$SGR=a+bT$（Allen et al., 1982）等]也有所差异。本研究结果显示，哲罗鲑的最适生长水温为 18℃。王金燕等（2004）研究发现，哲罗鲑在 15 ~ 18℃其生长效率较高（王金燕等，2014），与本文类似。本研究设定的水温未达到或超过哲罗鲑的的水温上限和下限，主要为了反映其实际养殖情况。

本研究结果显示，不同体重（17 ~ 1637 g）的哲罗鲑的最适水温变化不大。这与红大麻哈鱼（Brett et al., 1969）、褐鳟（Elliott，1975）和军曹鱼（Sun et al., 2014）等研究一致。然而，在其他一些鱼类的研究中发现，大西洋鳕（Pedersen et al., 1989）和大西洋庸鲽（Björnsson et al., 1996）的最适生长水温随体重的增加而降低。这可能与种类及体重等有关。因此，确定特定种类的水温和生长之间的关系需要尽可能扩大体重的范围。

已有研究表明，鱼类在适宜水温范围内，其表观消化率（ADC）随水温的升高而增高（谢小军等，1993）。在本试验条件下，哲罗鲑表观消化率随水温的增加呈先增加后降低的趋势，在水温为 18℃时达最大值。也有研究表明，鱼类的消化率不受水温变化的影响（Beamish，1972）。倒刺鲃（*Spinibarbus denticulatus*）的消化率随水温的升高而降低（邱炜韬，2004），而半滑舌鳎幼鱼的消化率随水温的升高呈 U 型变化（房景辉，2010）。适宜水温范围内，哲罗鲑的表观消化率的提高可能消化酶的活性提高有关。鱼类的消化酶活性在适温范围内随着水温的升高而增强（Hidalgo et al., 1999），但此时体内食物通过消化道的速度也在增加，两者存在竞争关系。因此，当消化酶活性强度高于后者时，食物的消化率才有所提高。同时，本结果显示，体重较大的哲罗鲑其表观消化率高于体重较小的鱼，这与消化酶活性随个体的发育而增强有关。

水温和体重影响鱼类的饲料效率。哲罗鲑湿重饲料效率（FCEw）、饲料干物质转化率（FCEd）、饲料蛋白质转化率（FCEp）和饲料能量转化率（FCEe）随水温的增加呈现先增加后降低的趋势，当水温 15℃时，S 组和 M 组达最大值。这与已有的研究类似（Sun et al., 2006; Sun et al., 2014）。通常情况下，鱼类的最适水温范围内，其饲料效率最高。哲罗鲑的适生长水温为 18℃，而水温为 15℃时饲料效率最高，结果与大西洋鳕（Björnsson et al., 2001）大菱鲆（Imsland et al., 2001）等类似。这可能是由于最适水温时，鱼类的最大摄食量不受限制，摄食量较大，饲料效率相对较低，而水温接近最适生长水温时，最大摄食量受到限制，因此，导致其生长速度相对较低，饲料效率较高。当水温 18℃时，B 组和 L 组饲料效率达最大值，这可能与其消化酶活性较高有关。

在试验范围内，哲罗鲑摄食能（C）与生长能（G）、排粪能（F）、排泄能（U）和代谢能（R）之间均呈线性增加的关系（图 7-2）。试验范围内，哲罗鲑的生长和水温之间接近呈正线性关系。结果可以说明：①哲罗鲑的生长，粪便生产，氮排泄和代谢与摄食量紧密相关。②饲料效率的变化在本试验条件下对生长能、排粪能、排泄能和代谢能的影响程度有限。③适宜水温范围内，摄食量随着水温的增加而增大，生长、粪便、N-排泄物和代谢活动增加（Sun et al., 2014）。

Elliott（1975）研究发现，11 ~ 260 g 褐鳟在水温 5 ~ 13℃时，能量收支模式变化有限（Elliott，1975）。Cui & Wootton（1988）认为，1 ~ 5.4 g 真鱥（*Phoxinus phoxinus*）在水温 5 ~ 15℃时，其能量收支模式不发生改变（Cui et al., 1994）。军曹鱼的能量收支模式也表现出类似的趋势，水温在 27 ~ 33℃，70 ~ 200 g 其能量收支模式相对较为稳定（Sun et al., 2014）。本试验条件下，哲罗鲑能量收支模式（12℃：$100C=17.49G+25.39F+2.16U+54.95R$；15℃：$100C=19.56G+22.63F+2.44U+55.37R$；18℃：$100C=18.99G+20.74F+3.24U+57.03R$；21℃：$100C=17.93G+24.23F+3.20U+54.65R$）在不同水温条件下略有差异，这可能与不同水温条件下摄食量的不同有关。在同一水温范围内，哲罗鲑能量收支模式（S 组：$100C=19.31G+26.51F+3.98U+50.20R$；M 组：$100C=18.88G+22.94F+2.86U+55.33R$；B 组：$100C=16.61G+22.06F+2.22U+59.12R$；L 组：$100C=19.17G+21.49F+1.98U+57.36R$）随着体重的增加，生长能所占摄食能的比例下降，与有关研究较为一致（张晓华等，1999；周小敏等，2008），可知小鱼属于低代谢消耗、高生长效率型。L 组哲罗鲑生长能的比例高于 B 组，这主要与 L 组用于代谢的能量支出较少有关。

本研究结果为哲罗鲑的养护管理提供依据。然而，由于影响鱼类摄食和生长的因素较多，如饲料、养殖密度、光周期、溶氧、氨氮和 pH 等，因此，本研究得出的公式，只有与条件类似的情况下，才可以应用。以后的研究应探讨哲罗鲑能量收支模式在不同环境条件下的可靠性，为养殖生产和资源保护提供依据。

第十三章　哲罗鲑的生物能量学摄食模型

生物能量学模型最早由美国 Wisconsin 大学的 Kitchell 等（1977）提出，其最重要的功能就是根据摄食量来推测鱼类的生长或从生长预测最适摄食量（Kitchell et al., 1977），在渔业和水产养护管理中应用广泛。该模型的能量收支方程式为：$G=C-F-U-Rs-SDA-Ra$，其中 G 为生长能，C 为摄食能，F 为排粪能，U 为排泄能，Rs 为标准代谢，SDA 为特殊动力代谢，Ra 为活动代谢（崔奕波，1989）。近 20 年来，鱼类生物能量学模型的发展较为迅速，但其应用程度还不够。本章在第十一章和第十二章试验结果的基础上，建立哲罗鲑的生物能量学摄食模型，从而预测其最适摄食量。

13.1 生物能量学摄食模型的建立

13.1.1 能值子模型

根据第十二章的结果经统计分析可得出哲罗鲑的鱼体能值（E, kJ）与水温（T, ℃）和体重（W, g）之间的回归关系为：

$\ln E=-3.5306+1.3291\times\ln W-0.005630\times\ln W\times T$

$n=36$，$R^2=0.9884$，$P<0.001$，$W<100$ g　　（方程 13-1）

$\ln E=-3.3268+1.2532\times\ln W-0.003726\times\ln W\times T$

$n=36$，$R^2=0.9999$，$P<0.001$，$W\geqslant 100$ g　　（方程 13-2）

13.1.2 摄食率子模型

以第十二章的试验数据为基础，可得哲罗鲑的最大摄食率［C_{max}，g/（ind.·d）］与水温（T, ℃）和体重（W, g）之间的回归关系为：

$\ln C_{max}=-5.7740+0.7281\times\ln W+0.2377\times T-0.0057\times T^2+0.00009\times\ln W\times T$

$n=36$，$R^2=0.9870$，$P<0.001$，$W<100$ g（方程 13-3）

$\ln C_{max}=-5.8758+0.7973\times\ln W+0.2322\times T-0.0049\times T^2-0.00377\times\ln W\times T$

$n=36$，$R^2=0.9924$，$P<0.001$，$W\geqslant 100$ g　　（方程 13-4）

13.1.3 排粪子模型

以第十二章的试验数据为基础，可得哲罗鲑的排粪率［F，kJ/（ind.·d）］和摄食率［FR，kJ/（ind.·d）］之间的回归关系为：

F=0.2070FR+0.7437
n=36，R^2=0.9709，P<0.001，W<100 g （方程 13-5）
F=0.2049FR+0.9338
n=36，R^2=0.9881，P<0.001，W≥100 g （方程 13-6）

13.1.4 排泄子模型

根据第十二章的试验数据为基础，可得哲罗鲑的排泄率［U，kJ/（ind.·d）］和摄食率［FR，kJ/（ind.·d）］之间的回归关系为：

U=0.0264FR+0.0316
n=36，R^2=0.8441，P<0.001，W<100 g （方程 13-7）
U=0.0208FR+0.1876
n=36，R^2=0.9275，P<0.001，W≥100 g （方程 13-8）

13.1.5 代谢子模型

根据第十二章的试验数据为基础，可得哲罗鲑的代谢率［R，kJ/（ind.·d）］和摄食率［FR，kJ/（ind.·d）］之间的回归关系为：

R=0.6067FR-1.3872
n=36，R^2=0.9976，P<0.001，W<100 g （方程 13-9）
R=0.5850FR-0.7422
n=36，R^2=0.9991，P<0.001，W≥100 g （方程 13-10）

13.1.6 模型总结

综上所述，哲罗鲑最适摄食率模型的 5 个子模型为：

表 13-1 哲罗鲑最适摄食率模型所用的子模型

编号 Number	方程式 Equation
方程 13-1	$\ln E=-3.5306+1.3291\times\ln W-0.005630\times\ln W\times T$，W<100 g
方程 13-2	$\ln E=-3.3268+1.2532\times\ln W-0.003726\times\ln W\times T$，W≥100 g
方程 13-3	$\ln C_{max}=-5.774+0.7281\times\ln W+0.2377\times T-0.0057\times T^2+0.00009\times T\times\ln W$，$W$<100 g
方程 13-4	$\ln C_{max}=-5.8758+0.7973\times\ln W+0.2322\times T-0.0049\times T^2-0.00377\times\ln W\times T$，$W$≥100 g
方程 13-5	F=0.2070FR+0.7437，W<100 g
方程 13-6	F=0.2049FR+0.9338，W≥100 g
方程 13-7	U=0.0264FR+0.0316，W<100 g
方程 13-8	U=0.0208FR+0.1876，W≥100 g
方程 13-9	R=0.6067FR-1.3872，W<100 g
方程 13-10	R=0.5850FR-0.7422，W≥100 g

13.1.7 生长模型

哲罗鲑最大摄食率条件下的生长能［G，kJ/（ind.·d）］由能量收支式计算得到:

$$G=C-F-U-R \quad （方程 13-11）$$

哲罗鲑第 t 天的能值［E_t，kJ/（ind.·d）］是第 t 天的日生长能（G_t）和第（t-1）天的能值（E_{t-1}）之和：$E_t=E_{t-1}+G_t$。哲罗鲑的第 t 天的末重（Wt，g）和初重（W_0，g）的平均值由第 t 天的能值（E_t）以（方程 13-1 和 13-2）计算可得。

13.1.8 最适摄食率模型

由第十一章的表 11-2 可知，80%投喂水平时，哲罗鲑的饲料效率（FCE）最高，排粪能（F）、排泄能（U）和代谢能（R）较低。根据 80%投喂水平条件下的排粪能、排泄能和代谢能与摄食率(FR)之间的回归关系得出最适投喂水平条件下哲罗鲑的排粪能、排泄能和代谢能与摄食率之间的回归关系：

$$F_{opt}=0.3077FR_{opt}-0.4089 \quad （方程 13-12）$$

$$U_{opt}=0.0242FR_{opt}-0.0572 \quad （方程 13-13）$$

$$R_{opt}=0.4071FR_{opt}+0.2641 \quad （方程 13-14）$$

哲罗鲑的最适摄食率[FR_{opt}，kJ/（ind.·d）]由能量收支式方程计算可以得到：

$$FR_{opt}=G+F_{opt}+U_{opt}+R_{opt} \quad （方程 13-15）$$

由（方程 13-15）计算得到的最适摄食率［FR_{opt}，kJ/（ind.·d）］通过饲料能量含量可以换算成最适摄食率［FI_{opt}，g/（ind.·d）］。

13.1.9 模型准确性检验

模型的准确性检验主要通过比较模型预测值与试验观测值的接近程度。利用生物能量学摄食模型预测不同投喂水平、水温和体重条件下哲罗鲑的终末体重（Wt，g）。试验条件均与第十一章和第十二章试验相同。

通过生物能量学摄食模型预测得到的哲罗鲑末重与第十一章和第十二章得到的观测值之间的变化关系如图 13-1 ~ 13-2 所示。由图可知，生物能量学模型对投喂水平显示出较强的预测能力；在各水温条件下，各体重组的预测值和观测值之间差别较小。

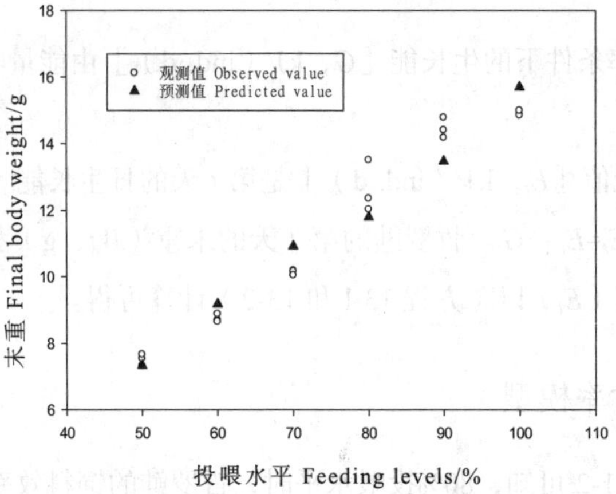

图 13-1　末重观测值和预测值与投喂水平的关系

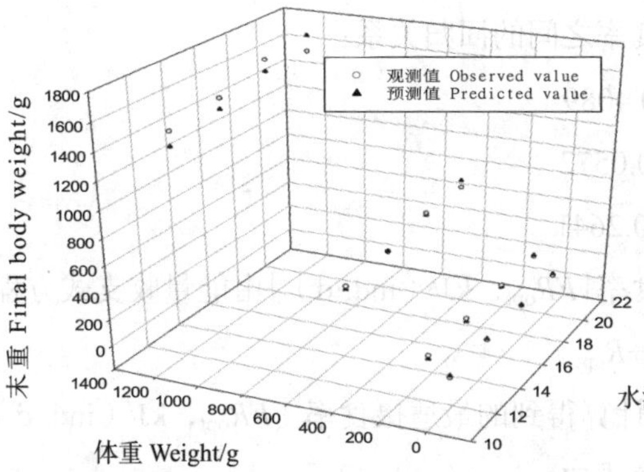

图 13-2　末重观测值和预测值与水温和体重的关系

13.2 模型验证

13.2.1 试验设计

室外试验在中国水产科学研究院黑龙江水产研究所渤海冷水性鱼类试验站进行。试验饲料原料和营养水平见表 13-2。试验分为 2 个处理，每处理组 1 个重复，每重复 1000 尾鱼。初重为 76.96±3.09 g 试验鱼饲养于室外水泥池中。养殖方式为流水饲养。正式试验前，试验鱼用基础饲料饲喂 7 d 使其适应试验环境。试验为涌泉水，水温 13.0 ~ 17.1℃，溶氧>8.0 mg/L，水泥池容积 15 m^3。投喂频率为 4 次/d（6:00，10:00，14:00，18:00），分别按照投喂表 13-3 中的最大摄食率 FI_{max} 和最适摄食率 FIopt 进行投喂，其中体重的生长预测值、最大摄食率和最适摄食率是根据方程 13-1、13-3、13-5、13-7、13-9、13-11 ~

13-15 进行计算获得。试验期间，测量水温，对日投喂量进行调整。光照为 2000 lx。养殖周期为 4 周。试验开始和结束时，称重，计算增重率和饲料效率。

表 13-2　饲料配方和营养水平　/%

原料 Ingredients	含量 Content	营养素 Nutrients	营养成分 Nutrients levels
鱼粉 Fish meal	40.0	粗蛋白 Crude protein	42.74
豆粕 Soybean meal	19.0	粗脂肪 Crude lipid	12.69
玉米蛋白粉 Corn gluten meal	8.0	钙 Ca	1.74
乌贼膏 Squid extract	1.0	磷 P	1.60
次粉 Wheat middings	20.0	总能 Gross energy（kJ/g）	19.22
磷脂 Lechthin	2.0		
鱼油 Fish oil	4.0		
豆油 Soy oil	4.0		
磷酸二氢钙 $Ca(H_2PO_4)_2$	1.0		
预混剂 Premix	1.0		
合计 Total	100.00		

注：预混剂同 6.1.2 节。

表 13-3　验证试验的投喂表

天数 Day /d	水温 T/℃	体重 Weight /g	A 组 FI_{max}/[g/（ind.·d）]	B 组 FI_{opt}/[g/（ind.·d）]
1	15.6	76.96	0.75	0.60
2	15.2	77.43	0.74	0.59
3	15.4	78.03	0.75	0.60
4	15.5	78.42	0.76	0.61
5	15.6	78.85	0.77	0.61
6	15.8	79.30	0.78	0.62
7	16.5	79.71	0.81	0.65
8	16.2	79.99	0.80	0.64
9	16.4	80.58	0.81	0.65
10	16.2	81.03	0.81	0.64
11	16.2	81.59	0.81	0.65
12	15.8	82.10	0.80	0.63
13	15.6	82.74	0.79	0.63
14	15.3	83.31	0.78	0.62
15	15.2	83.93	0.78	0.62
16	15.5	84.47	0.80	0.63
17	15.6	84.87	0.81	0.64
18	15.8	85.36	0.82	0.65
19	16.1	85.82	0.84	0.66
20	16.2	86.26	0.85	0.67
21	16.4	86.78	0.86	0.68
22	16.6	87.27	0.87	0.69
23	16.3	87.77	0.86	0.68
24	16.2	88.43	0.86	0.68
25	15.8	89.03	0.85	0.67
26	15.4	89.73	0.83	0.65
27	15.1	90.45	0.82	0.65
28	15.3	91.12	0.84	0.66

13.2.2 结果

哲罗鲑最适摄食模型的生长验证试验如表 13-4 所示。最大摄食组（A）和最适摄食组（B）的终末体重基本接近，但 B 组的饲料效率明显高于 A 组。A 组的摄食量明显高于 B 组。

表 13-4　哲罗鲑最适摄食率模型验证试验

指标 Item	A 组 FI_{max}/[g/（ind.·d）]	B 组 FI_{opt}/[g/（ind.·d）]
初重 W_0 Initial weight /g	76.5	76.5
末重 *Wt* Final weight /g	93.6	90.8
模型预测末重 *W*pt Predicted final weight /g	90.6	88.5
摄食量 *FI* Feed intake /（g/ind.）	19.5	15.6
摄食率 *FR* Feeding rate /[%/（ind.·d）]	0.82	0.63
模型预测的摄食率 *FR*p Predicted feeding rate /[%/（ind.·d）]	0.80	0.64
饲料效率 *FCE* Feed efficiency /%	87.6	92.0
模型预测的饲料效率 *FCE*p Predicted feed efficiency /%	74.3	80.6

13.3 讨论

在体重范围（17 ~ 1637 g）内将哲罗鲑生物能量学摄食模型进行分段描述以提高摄食模型的拟合度。结果显示，哲罗鲑最适摄食率模型具有较好的预测能力，可明显提高饲料效率，减少饲料投喂量，但从模型得出的预测值和观测值还存在一定的偏差，因此，哲罗鲑的最适摄食率模型有待进一步发展。在大多数鱼类的生物能量学模型研究中，与摄食水平有关的排粪能（*F*）、排泄能（*U*）和特殊动力代谢（*SDA*）通常被认为是恒定的，因而，这些模型多数预测的关系为线性增长关系（Cui et al., 2000）。对哲罗鲑生物能量学模型预测的误差主要取决于代谢能。代谢能中特殊动力代谢系数会随着饲料的营养成分（蛋白质、脂肪水平等）（Ross et al., 1992），摄食水平、水温和体重发生改变（AOAC，1995）。此外，活动代谢（*Ra*）未被准确估测。估测活动代谢的主要困难在于准确量化鱼的活动水平。对罗非鱼和草鱼的研究表明，在中等强度的摄食水平时，活动代谢水平最高，但各摄食水平间差异不显著（$P>0.05$）（Cui et al., 2000）。然而，Ross

等（1992）认为，短期的呼吸代谢试验得出的活动代谢数据不具有代表性，只有进行长期的呼吸代谢试验才能提供较为精准的活动代谢数据（Beamish et al., 1990）。

目前，众多的鱼类生物能量学模型均未能精确预测最适摄食量和能量需求量。因此，哲罗鲑最适摄食模型同样需要进一步量化其他环境因子（如流速、饲料营养水平、溶氧、氨氮、pH 等）对特殊动力代谢和活动代谢的影响程度，为精准预测能量需求量和最适摄食量奠定基础。

第十四章　哲罗鲑的投喂实践

本章总结第二至十三章的试验结果和结论，确定哲罗鲑仔稚鱼和幼鱼的投喂时间、投喂频率和投喂量。

14.1 投喂时间

仔鱼孵化后 27 日龄时，消化系统发育完善，口咽部出现味蕾，此时仔鱼开始摄食，需及时进行初次投喂。稚鱼在 43 ~ 46 日龄时摄食旺盛，口咽部味蕾功能化，具有“品尝”食物的能力，同时嗅板开始形成且可进行摄食感知，稚鱼对人工开口饵料的适应期结束。

哲罗鲑摄食旺盛的时间一般出现在清晨和黄昏，投喂时间最好设定在这期间（表 14-1）。哲罗鲑的实际养护过程中要遵循哲罗鲑固有的生物学节律进行投喂，可提高饲料效率，促进鱼体生长。

表 14-1　哲罗鲑的最适投喂时间

体重 Weight /g	适宜投喂时间 Feeding time /h
<10	6:00 ~ 10:00 和 17:00 ~ 19:00
10 ~ 50	8:00 ~ 10:00 和 17:00 ~ 19:00
50 ~ 500	8:00 ~ 10:00 和 17:00 ~ 19:00
>500	8:00 ~ 10:00 和 17:00 ~ 19:00

14.2 投喂频率

哲罗鲑胃肠道储存食物的时间较长，日投喂 2 次基本满足商品鱼需要。苗种培育期日投喂次数为 4 次，但仔稚鱼投喂需要较高的投喂频率，尤其在早期驯化阶段时，日投喂次数达 8 ~ 10 次（表 14-2）。值得注意的是，过多的投喂频率增加了劳动成本，过低的投喂频率不利于哲罗鲑的生长发育。

表 14-2　哲罗鲑的最适投喂频率

体重 Weight /g	适宜投喂频率 Feeding frequency /（次·d）
<0.5	8 ~ 10（推荐值）
0.5 ~ 10	4
10 ~ 50	4
50 ~ 500	4
>500	2

14.3 饲料的选择

哲罗鲑在投喂过程中需要选择适宜的膨化饲料。哲罗鲑能吞食大颗粒饲料时，则很少会选择小颗粒饲料，因此，饲料投喂过程中需要选择适宜的粒径（见表 14-3）。饲料颗粒均匀一致，长度是粒径的 0.8 ~ 2.0 倍，避免碎料或过长的饲料。哲罗鲑摄食缓慢，偶尔也摄食池底饲料，对饲料的稳定性要求较高。颗粒外表光滑致密，水稳定性要好，水分约为 12%，3 个月内不腐败或变质。饲料的色泽和适口性要好，颜色均匀，气味淡香，口感略咸。哲罗鲑的养殖技术虽已经获得成功，但其“野性”尚存，对适口性不佳的饲料会出现吐食的现象。饲料在储存过程中，会有发霉腐败、脂肪氧化、维生素失效等情况，因此，无论饲料的品质有多好，都要存放在阴凉、干燥、避光和通风的环境中，且储存的时间不能超过 90 d。当饲料有发黄、发黑等变色现象、出现不均匀的结块，有霉味等不良刺激性气味，手感松软发黏，口感苦涩时，则不能进行投喂。

表 14-3　哲罗鲑饲料规格选择（经验值）

编号 Item	形状 Shape	规格Size 粒径 D /cm	 径长比 D/L	适合鱼体重 W /g	适合鱼体长 L /cm
00	微颗粒	0.3	–	≤0.2	≤3.0
0	微颗粒	0.3 ~ 0.5	–	0.2 ~ 0.5	3.0 ~ 4.0
1	微颗粒	0.5 ~ 1.0	1.2	0.5 ~ 2.5	4.0 ~ 6.5
2	颗粒	1.0 ~ 1.5	1.2	2.5 ~ 10	6.5 ~ 11
3	颗粒	1.5 ~ 2.0	1.2	10 ~ 30	11 ~ 16
4	颗粒	2.0 ~ 3.0	1.2	30 ~ 60	16 ~ 22
5	颗粒	3.0 ~ 4.0	1.2	60 ~ 100	22 ~ 25
6	颗粒	5.0	1.2	100 ~ 250	25 ~ 32
7	颗粒	7.0	1.2	>250	>32

注：00 ~ 1 号为鱼苗饲料，1 ~ 3 号为鱼种饲料，3 号以上为育成鱼和亲鱼饲料。

14.4 投喂量

鱼类投喂的过程中要遵循“四定”和“三看”的原则，根据具体的养殖环境进行调整。

大多数情况下，投喂表中的投喂量要少于鱼体摄食量。哲罗鲑投喂水平的研究结果显示，投喂水平达“八分饱”时，即可满足生长的需要，过多的投喂只能降低饲料效率，造成饲料浪费。此外，要根据放养的数量和规格进行投喂。哲罗鲑很少会摄食沉底饲料，准确控制投喂量可有效节约成本。本文根据哲罗鲑生物能量学摄食模型得到不同体重和水温条件下的投喂表（表 14-4）以供养殖生产参考。

表 14-4　哲罗鲑动态投喂表　　/%

体重	水温 T/℃										
W/g	12.0	13.0	14.0	15.0	16.0	17.0	18.0	19.0	20.0	21.0	22.0
0.5	1.63	1.79	1.94	2.09	2.22	2.33	3.35	3.44	3.48	3.48	3.45
1.0	1.41	1.55	1.68	1.81	1.93	2.03	1.83	1.88	1.91	1.92	1.91
5.0	1.01	1.11	1.21	1.30	1.39	1.46	1.52	1.56	1.59	1.60	1.59
10.0	0.88	0.97	1.05	1.14	1.20	1.27	1.33	1.36	1.39	1.39	1.39
20.0	0.76	0.84	0.91	0.98	1.05	1.10	1.15	1.18	1.20	1.21	1.21
50.0	0.62	0.69	0.75	0.82	0.87	0.91	1.06	1.09	1.11	1.12	1.11
100	0.54	0.60	0.66	0.71	0.75	0.80	1.00	1.03	1.05	1.06	1.05
200	0.47	0.52	0.57	0.62	0.66	0.69	0.95	0.98	1.01	1.01	1.01
300	0.43	0.48	0.53	0.56	0.60	0.64	0.89	0.92	0.94	0.94	0.94
400	0.41	0.45	0.50	0.53	0.57	0.60	0.83	0.86	0.88	0.88	0.88
500	0.39	0.43	0.47	0.51	0.54	0.57	0.77	0.79	0.81	0.82	0.81
600	0.37	0.41	0.46	0.49	0.53	0.56	0.72	0.75	0.76	0.77	0.77
700	0.37	0.40	0.44	0.47	0.51	0.54	0.66	0.69	0.70	0.71	0.71
800	0.35	0.39	0.43	0.46	0.50	0.53	0.63	0.65	0.66	0.67	0.67
900	0.34	0.38	0.42	0.45	0.48	0.51	0.55	0.56	0.58	0.58	0.58
1000	0.34	0.37	0.41	0.44	0.47	0.50	0.53	0.54	0.55	0.56	0.56
2000	0.29	0.33	0.36	0.39	0.41	0.44	0.46	0.47	0.48	0.49	0.49
5000	0.24	0.27	0.30	0.32	0.34	0.36	0.38	0.39	0.40	0.41	0.41

注：表中的数据为摄食率，其乘以饲料系数（生长性能试验值）得出饲料的日投喂量。如果饲料系数为 1.2，那么 1 尾 50.0g 的鱼在 18℃时饲料需求量为它体重的 1.06%×1.2=1.272%，即该尾鱼日需 0.636 g 饲料。该试验饲料的能值、粗蛋白和粗脂肪分别为 21.96 kJ/g，48.06%，21.22%，在实际运用中根据饲料的不同做出相应的调整。

参考文献

[1] ADEBAYO O T, BALOGUN A M, FAGBENRO O A. Effects of feeding rates on growth, body composition and economic performance of juvenile clariid catfish hybrid (*Clarias gariepinus* × *Heterobranchus bidorsalis*) [J]. Journal of Aquaculture in the Tropics, 2000, 15(2): 109-117.

[2] ALLEN J R M, WOOTTON R J. The effect of ration and temperature on the growth of the three-spined stickleback, *Gasterosteus aculeatus* [J]. Journal of Fish Biology, 1982, 20(4): 409-422.

[3] ALMAZAN-RUEDA A P, SCHRAMA J W, VERRETH J A J. Behavioural responses under different feeding methods and light regimes of the African catfish (*Clarias gariepinus*) juveniles[J]. Aquaculture, 2004, 231(1/4): 347-359.

[4] ANDERSEN N G, RIIS-VESTERGAARD J. The effects of food consumption rate, body size and temperature on net food conversion efficiency in saithe and whiting [J]. Journal of Fish Biology, 2003, 62(2): 395-412.

[5] AOAC. Official methods of analysis of the association of official analytical chemists international, 16th Eds. [M]. Association of Official Analytical Chemists, Arlington, 1995, 1-45.

[6] AZZAYDI M, MARTINEZ F J, ZAMORE S, ET AL. The influence of nocturnal vs. diurnal feeding under winter conditions on growth and feed conversion of European sea bass (*Dicentrarchus labrax* L.) [J]. Aquaculture, 2000, 182(3): 329-338.

[7] BARAS E, THOREAU X, MÉLARD C. How do cultured tilapias *Oreochromis aureus* adapt their activity budget to variations in meal timing and abundance [C]. Underwater Telemetry. Proc. 1st Conference and Workshop on Fish Telemetry in Europe. Liège, Belgium. 1996: 195-202.

[8] BARAS E, TISSIER F, WESTERLOPPE L, ET AL. Feeding in darkness alleviates density-dependent growth of juvenile vundu catfish *Heterobranchus longifilis* (Clariidae) [J]. Aquatic Living Resources, 1998, 11(5): 335-340.

[9] BARBER I, HUNTINGFORD F A, CROMPTON D W T. The effect of hunge and cestode parasitism on the shoaling decisions of small freshwater fish [J]. Journal of Fish Biology, 1995, 47: 524-536.

[10] BARNABÉ G. Contribution a la connaissance de la biologie du loup *Dicentrarchus labrax* (L.) (Poisson Serranidae) de la region de sete [D]. Université des Sciences et Techniques du Languedoc, 1976.

[11] BARREIRO-IGLESIAS A, ANADÓN R, RODICIO M C. The gustatory system of lampreys [J]. Brain, Behavior and Evolution, 2010, 75(4): 241-250.

[12] BASU N, TODGHAM A E, ACKERMAN P A, ET AL. Heat shock protein genes and their

functional significance in fish [J]. Gene, 2002, 295(2): 173-183.

[13] BEAMISH F W H, TRIPPEL E A. Heat increment: a static or dynamic dimension in bioenergetic models? [J]. Transactions of the American Fisheries Society, 1990, 119(4): 649-661.

[14] BEAMISH F W H. Ration size and digestion in largemouth bass [J]. Canadian Journal of Zoology, 1972, 50: 153-164.

[15] BEN KHEMIS I, AUDET C, FOURNIER R, ET AL. Early weaning of winter flounder (*Pseudopleuronectes americanus* Walbaum) larvae on a commercial microencapsulated diet [J]. Aquaculture Research, 2003, 34(6): 445-452.

[16] BISBAL GA, BENGTSON D A. Descriptions of the starving condition in summer flounder, *ParaLichthys dentatus*, early life history stages[J]. Fishery Bulletin, 1995, 93: 217-230.

[17] BISWAS G, JENA J K, SINGH S K, ET AL. Effect of feeding frequency on growth, survival and feed utilization in mrigal, *Cirrhinus mrigala*, and rohu, *Labeo rohita*, during nursery rearing[J]. Aquaculture, 2006, 254: 211-218.

[18] BISWAS G, THIRUNAVUKKARASU A R, SUNDARAY J K, ET AL. Optimization of feeding frequency of Asian seabass (*Lates calcarifer*) fry reared in net cages under brackishwater environment[J]. Aquaculture, 2010, 305: 26-31.

[19] BJÖRNSSON B, STEINARSSON A, ODDGEIRSSON M. Optimal temperature for growth and feed conversion of immature cod (*Gadus morhua* L.) [J]. ICES Journal of Marine Science: Journal du Conseil, 2001, 58(1): 29-38.

[20] BJÖRNSSON B, TRYGGVADÓTTIR S V. Effects of size on optimal temperature for growth and growth efficiency of immature Atlantic halibut (*Hippoglossus hippoglossus* L.) [J]. Aquaculture, 1996, 142(1): 33-42.

[21] BLAXTER J H S, HEMPLE G. The influence of eggs size on herring larvae (*Clupea harengus* L.) [J]. Rapp Pv Réun Cons perm int Explor Mer, 1963, 28: 211-240.

[22] BOUJARD T, GÉLINEAU A, CORRAZE G, ET AL. Effect of dietary lipid content on circadian rhythm of feeding activity in European sea bass [J]. Physiology and Behavior, 2000, 68(5): 683-689.

[23] BRETT J R, GROVES T D D. Physiological Energetics [J]. Fish physiology, 1979, 8: 279-352.

[24] BRETT J R, SHELBOURN J E, SHOOP C T. Growth rate and body composition of fingerling sockeye salmon, *Oncorhynchus nerka*, in relation to temperature and ration size [J]. Journal of the Fisheries Board of Canada, 1969, 26(9): 2363-2394.

[25] BROWMAN H I, SKIFTESVIK A B, KUHN P. The relationship between ultraviolet and polarized light and growth rate in the early larval stages of turbot (*Scophtalmus maximus*), Atlantic cod (*Gadus morhua*) and Atlantic herring (*Clupea harengus*) reared in intensive culture conditions[J]. Aquaculture, 2006, 256(1/4): 296-301.

[26] BUREAU D P, HUA K, CHO C Y. Effect of feeding level on growth and nutrient deposition in rainbow trout (*Oncorhynchus mykiss* Walbaum) growing from 150 to 600 g [J]. Aquaculture Research, 2006, 37(11): 1090-1098.

[27] BUREAU D P, HUA K. Towards effective nutritional management of waste outputs in aquaculture, with particular reference to salmonid aquaculture operations [J]. Aquaculture Research, 2010, 41:

777-792.

[28] BUTERBAUGH G L, WILLOUGHBY H. A feeding guide for brook, brown and rainbow trout [C]. Programm Fish Cultulture, 1967, 29: 210.

[29] BUURMA B J, DIANA J S. Effects of feeding frequency and handling on growth and mortality of cultured walking catfish, *Clarias fuscus* [J]. Journal of the World Aquaculture Society, 1994, 25: 175-182.

[30] CAHU C, INFANTE J Z. Substitution of live food by formulated diets in marine fish larvae [J]. Aquaculture, 2001, 200(1): 161-180.

[31] CARA J B, ALURU N, MOYANO F J, ET AL. Food-deprivation induces Hsp70 and Hsp90 protein expression in larval gilthead sea bream and rainbow trout [J]. Comparative Biochemistry and Physiology Part B: Biochemistry and Molecular Biology, 2005, 142(4): 426-431.

[32] CHANG Q, LIANG M Q, WANG J L, ET AL. Influence of larval co-feeding with live and inert diets on weaning the tongue sole *Cynoglossus semilaevis* [J]. Aquaculture Nutrition, 2006, 12(2): 135-139.

[33] CHAPPAZ R, OLIVART G, BRUN G. Food availability and growth rate in natural populations of the brown trout (*Salmo trutta*) in Corsican streams[J]. Hydrobiologia, 1996, 331: 63-69.

[34] CHARLES P M, SEBASTIAN S M, RAJ M C V, ET AL. Effect of feeding frequency on growth and food conversion of *Cyprinus carpio* fry [J]. Aquaculture, 1984, 40: 293-300.

[35] CHENG S Y, CHEN J C. EFFECTS of nitrite exposure on the hemolymph electrolyte, respiratory protein and free amino acid levels and water content of *Penaeus japonicus* [J]. Aquatic Toxicology, 1998, 44: 129-139.

[36] CHO C Y. Feeding systems for rainbow trout and other salmonids with reference to current estimates of energy and protein requirements [J]. Aquaculture, 1992, 100(1): 107-123.

[37] CHO S H, LEE S M, PARK B H, ET AL. Effect of feeding ratio on growth and body composition of juvenile olive flounder *Paralichthys olivaceus* fed extruded pellets during the summer season [J]. Aquaculture, 2006, 251(1): 78-84.

[38] CHO S H, LIMY S, LEE J H, ET AL. Effects of feeding rate and feeding frequency on survival, growth, and body composition of ayu post-larvae *Plecoglossus altivelis* [J]. Journal of the World Aquaculture Society, 2003, 34(1): 85-91.

[39] CONCEICÃO L E C, YÚFERA M, MAKRIDIS P, ET AL. Live feeds for early stages of fish rearing [J]. Aquaculture Research, 2010, 41(5): 613-640.

[40] COSTA-BOMFIM C N, PESSOA W V N, OLIVEIRA R L M, ET AL. The effect of feeding frequency on growth performance of juvenile cobia, *Rachycentron canadum* (Linnaeus, 1766) [J]. Journal of Applied Ichthyology, 2014, 30(1): 135-139.

[41] COWEY C B. Amino acid requirements of fish: a critical appraisal of present values [J]. Aquaculture, 1994, 124(1): 1-11.

[42] CUI Y, CHEN S, WANG S. Effect of ration size on the growth and energy budget of the grass carp, *Ctenopharyngodon idella* [J]. Aquaculture, 1994, 123(1): 95-107.

[43] CUI Y, HUNG S S O, DENG D F, ET AL. Growth performance of juvenile white sturgeon as affected

by feeding regimen [J]. The Progressive Fish-Culturist, 1997, 59: 31-35.

[44] CUI Y, WOOTTON R J. Bioenergetics of growth of a cyprinid, *Phoxinus phoxinus*: the effect of ration, temperature and body size on food consumption, faecal production and nitrogenous excretion [J]. Journal of Fish Biology, 1988, 33(3): 431-443.

[45] CUI Y, XIE S. Modelling Growth in Fish [M]. In Theodorou M K, France J. Feeding systems and feed evaluation models (Eds.). Wallingford Oxon (UK) and New York (USA): CABI Publishing, 2000, 413-434.

[46] CURNOW J, KING J, PARTRIDGE G, ET AL. Effects of two commercial microdiets on growth and survival of barramundi (*Lates calcarifer* Bloch) larvae within various early weaning protocols [J]. Aquaculture Nutrition, 2006, 12(4): 247-255.

[47] DAAN S, KOENE P. On the timing of foraging flights by oystercatchers, *Haematopus ostralegus*, on tidal mudflats [J]. Netherlands Journal of Sea Research, 1981, 15(1): 1-22.

[48] DE ALMEIDA OZÓRIO R O, ANDRADE C, FREITAS ANDRADE TIMÓTEO V M, ET AL. Effects of feeding levels on growth response, body composition, and energy expenditure in blackspot seabream, *Pagellus bogaraveo*, Juveniles [J]. Journal of the World Aquaculture Society, 2009, 40(1): 95-103.

[49] DE lA HIGUERA M. Effects of nutritional factors and feed characteristics on feed intake [J]. Food Intake in Fish, 2001, 250: 268.

[50] DE PEDRO N, MARTINEZ-ALVAREZ R, DELGADO M J. Acute and chronic leptin reduces food intake and body weight in goldfish (*Carassius auratus*) [J]. Journal of Endocrinology, 2006, 188(3): 513-520.

[51] DE PEDRO N, PINILLOS M L, VALENCIANO A I, ET AL. Inhibitory effect of serotonin on feeding behavior in goldfish: involvement of CRF [J]. Peptides, 1998, 19(3): 505-511.

[52] DE RIU N, ZHENG K K, LEE J W, ET AL. Effects of feeding rates on growth performances of white sturgeon (*Acipenser transmontanus*) fries [J]. Aquaculture Nutrition, 2012, 18(3): 290-296.

[53] DENG D F, WANG C, LEE S, ET AL. Feeding rates affect heat shock protein levels in liver of larval white sturgeon (*Acipenser transmontanus*) [J]. Aquaculture, 2009, 287(1): 223-226.

[54] DIERCKENS K, NGUYEN H T, HOANG T M T, ET AL. Effect of early co-feeding and different weaning diets on the performance of cobia (*Rachycentron canadum*) larvae and juveniles [J]. Aquaculture, 2010, 305(1): 52-58.

[55] DOBSON SH, HOLMES RM. Compensatory growth in the rainbow trout, *Salmo gairdneri* Richardson[J]. Journal of Fish Biology, 1984, 25: 649-656.

[56] DOU S, MASUDA R, TANAKA M, ET AL. Feeding resumption, morphological changes and mortality during starvation in Japanese flounder larvae [J]. Journal of Fish Biology, 2002, 60: 1363-1380.

[57] DUBE P, PORTELANCE B. Temperature and photoperiod effects on ovarian maturation and eggs laying of the crayfish, *Orconec teslimosus* [J]. Aquaculture, 102 (1/2): 161-168.

[58] DWYER K S, BROWN J A, PARRISH C, ET AL. Feeding frequency affects food consumption, feeding pattern and growth of juvenile yellowtail flounder (*Limanda ferruginea*) [J]. Aquaculture,

2002, 213(1): 279-292.

[59] EDSALL D A, SMITH C E. Performance of rainbow trout and Snake River cutthroat trout reared in oxygen-supersaturated water [J]. Aquaculture, 1990, 90(3): 251-259.

[60] Ellen K G, WHEATON F W. Engineering aspects of water quality monitoring and control. In: Proceeding from the aquaculture symposium, engineering aspects of intensive aquaculture [C]. Northeast regional agricultural engineering service, Ithaca, NY14853-5701, Cornell University, 1991, 6: 201-232.

[61] ELLIOTT J M. The growth rate of brown trout (*Salmo trutta* L.) fed on maximum rations [J]. The Journal of Animal Ecology, 1975: 805-821.

[62] EL-SAIDY D M S D, GABER M. Effect of dietary protein levels and feeding rates on growth performance, production traits and body composition of Nile tilapia, *Oreochromis niloticus* (L.) cultured in concrete tanks [J]. Aquaculture Research, 2005, 36(2): 163-171.

[63] ELSHEIKH E H, NASR E S, GAMAL A M. Ultrastructure and distribution of the taste buds in the buccal cavity in relation to the food and feeding habit of a herbivorous fish: *Oreochromis niloticus* [J]. Tissue and Cell, 2012, 44(3): 164-169.

[64] ENRLICH K F, BLAXTER J H S, PEMBERTON R. Morphological and histological changes during the growth and starvation of herring and plaice larvae [J]. Marine Biology, 1976, 35: 105-118.

[65] EROLDOĞAN O T, KUMLU M, AKTAS M. Optimum feeding rates for European sea bass *Dicentrarchus labrax* L. reared in seawater and freshwater [J]. Aquaculture, 2004, 231(1): 501-515.

[66] ESPE M, RUOHONEN K, EL-MOWAFI A. Hydrolysed fish protein concentrate (FPC) reduces viscera mass in Atlantic salmon (*Salmo salar*) fed plant-protein-based diets [J]. Aquaculture Nutrition, 2012, 18(6): 599-609.

[67] FISHELSON L, DELAREA Y, ZVERDLING A. Taste bud form and distribution on lips and in the oropharyngeal cavity of cardinal fish species (Apogonidae, Teleostei), with remarks on their dentition [J]. Journal of Morphology, 2004, 259(3): 316-327.

[68] FISHELSON L, GOLANI D, GALILL B, ET AL. Comparison of taste bud form, number and distribution in the oropharyngeal cavity of lizardfishes (Aulopiformes, Synodontidae) [J]. Cybium, 2010, 34(3): 269-277.

[69] FISHELSON L. Comparison of taste bud types and their distribution on the lips and oropharyngeal cavity, as well as dentition in cichlid fishes (Cichlidae, Teleostei) [J]. Fish Chemosenses. Enfield, New Hampshire: Science Publishers, 2005: 247-275.

[70] FOSS A, VOLLEN T, ØIESAD V. Growth and oxygen consumption in normal and O_2 supersaturated water, and interactive effects of O_2 saturation and ammonia on growth in spotted wolfish [J]. Aquaculture, 2003, 224: 105-116.

[71] FUKUSHIMA M. Spawning migration and redd construction of Sakhalin taimen, *Hucho perryi* on northern Hokkaido Island, Japan [J]. Journal of Fish Biology, 1994, 44(5): 877-888.

[72] FURNE M, HIDALGO M C, LOPEZ A, ET AL. Digestive enzyme activities in Adriatic sturgeon

Acipenser naccarii and rainbow trout *Oncorhynchus mykiss*. A comparative study [J]. Aquaculture, 2005, 250(1):391-398.

[73] GISBERT E, CONKLIN DB, PIEDRAHITA RH. Effects of delayed first feeding on the nutritional condition and mortality of California halibut larvae[J]. Journal of Fish Biology, 2004, 64: 116-132.

[74] GOMAHR A, PALZENBERGER M, KOTRSCHAL K. Density and distribution of external taste buds in cyprinids [J]. Environmental Biology of Fishes, 1992, 33(12): 125-134.

[75] GOVONI J J, BOEHLERT G W, WATANABE Y. The physiology of digestion in fish larvae [J]. Environmental Biology of Fishes, 1986, 16(13): 59-77.

[76] GRAYTON B D, BEAMISH F W H. Effects of feeding frequency on food intake, growth and body composition of rainbow trout (*Salmo gairdneri*) [J]. Aquaculture, 1977, 11: 159-172.

[77] GUZEL S, ARVAS A. Effects of different feeding strategies on the growth of young rainbow trout (*Oncorhynchus mykiss*) [J]. African Journal of Biotechnology, 2013, 10(25): 5048-5052.

[78] HACHERO-CRUZADO I, ORTIZ-DELGADO J B, BORREGA B, ET AL. Larval organogenesis of flatfish brill *Scophthalmus rhombus* L: Histological and histochemical aspects [J]. Aquaculture, 2009, 286(1): 138-149.

[79] HAMRE K, YÚFERA M, RØNNESTAD I, ET AL. Fish larval nutrition and feed formulation: knowledge gaps and bottlenecks for advances in larval rearing [J]. Reviews in Aquaculture, 2013, 5(s1): 26-58.

[80] HANDELAND S O, ARNESEN A M, STEFANSSON S O. Seawater adaptation and growth of post-smolt Atlantic salmon (*Salmo salar*) of wild and farmed strains [J]. Aquaculture, 2003, 220(1): 367-384.

[81] HANSEN A, REUTTER K, ZEISKE E. Taste bud development in the zebrafish, *Danio rerio* [J]. Developmental Dynamics, 2002, 223(4): 483-496.

[82] HARA T J. Olfaction and gustation in fish: an overview [J]. Acta Physiologica Scandinavica, 1994, 152(2): 207-217.

[83] HELFMAN G S. Fish behaviour by day, night and twilight [M]. The behaviour of teleost fishes. Springer US, 1986: 366-387.

[84] HENDRICK J P, HARTL F U. Molecular chaperone functions of heat-shock proteins [J]. Annual Review of Biochemistry, 1993, 62(1): 349-384.

[85] HENKEN A M, KLEINGELD D W, TIJSSEN P A T. The effect of feeding level on apparent digestibility of dietary dry matter, crude protein and gross energy in the African catfish *Clarias gariepinus* (Burchell, 1822) [J]. Aquaculture, 1985, 51(1): 1-11.

[86] HIDALGO M C, UREA E, SANZ A. Comparative study of digestive enzymes in fish with different nutritional habits. Proteolytic and amylase activities [J]. Aquaculture, 1999, 170(3): 267-283.

[87] HOANG T, BARCHIESIS M, LEE S Y, ET AL. Influences of light intensity and photoperiod on moulting and growth of *Penaeus merguiensis* cultured under laboratory condition[J]. Aquaculture, 2003, 216: 343-354.

[88] HOLČÍK J, HENSEL K, NIESLANIK J, ET AL. The Eurasian huchen *Hucho hucho*: Largest

salmon of the world [M]. Hinghan (USA): Kluwer Academic Publishers, 1988, 42-131.

[89] HOSSAIN M A R, BEVERIDGE M C M, HAYLOR G S, ET AL. The effects of density, light and shelter on the growth and survival of African catfish (*Clarias gariepinus* Burchell, 1822) fingerlings [J]. Aquaculture, 1998,160(3): 251-258.

[90] HOULIHAN D, BOUJARD T, JOBLING M. Food intake in fish [M]. John Wiley and Sons, 2008, 49-87, 108-156, 269-296.

[91] HUNG S S O, LUTES P B, SHQUEIR A A, ET AL. Effect of feeding rate and water temperature on growth of juvenile white sturgeon (*Acipenser transmontanus*) [J]. Aquaculture, 1993, 115(3): 297-303.

[92] HUSE I. Feeding at different illumination levels in larvae of three marine teleost species: cod, *Gadus morhua* L., plaice, *Pleuronectes platessa* L., and turbot, *Scophthalmus maximus* (L.) [J]. Aquaculture Research, 1994, 25(7): 687-695.

[93] IMSLAND A K, FOSS A, GUNNARSSON S, ET AL. The interaction of temperature and salinity on growth and food conversion in juvenile turbot (*Scophthalmus maximus*) [J]. Aquaculture, 2001, 198(3): 353-367.

[94] IMSLAND A K, FOSS A, SPARBOE L O, ET AL. The effect of temperature and fish size on growth and feed efficiency ratio of juvenile spotted wolffish *Anarhichas minor* [J]. Journal of Fish Biology, 2006, 68(4): 1107-1122.

[95] IMSLAND A K, SUNDE L M, FOLKVORD A, ET AL. The interaction of temperature and fish size on growth of juvenile turbot [J]. Journal of Fish Biology, 1996, 49(5): 926-940.

[96] IWAMA G K, THOMAS P T, FORSYTH R B, ET AL. Heat shock protein expression in fish [J]. Reviews in Fish Biology and Fisheries, 1998, 8(1): 35-56.

[97] JAKUBOWSKI M, WHITEAR M. Comparative morphology and cytology of taste buds in teleosts [J]. Zietschrift Mikroskopie Anatomica Forscheng (Leipzig), 1990, 104: 529-560.

[98] JOBLING M, BAARDVIK B M. The influence of environmental manipulations on inter–and intra–individual variation in food acquisition and growth performance of Arctic charr, *Salvelinus alpinus* [J]. Journal of Fish Biology, 1994, 44(6): 1069-1087.

[99] JOBLING M, MELØY OH, DOS SANTOS J, ET AL. The compensatory growth response of the Atlantic cod: Effects of nutritional history. Aquaculture International, 1994, 2: 75-90.

[100] JOBLING M. Growth studies with fish-overcoming the problems of size variation [J]. Journal of Fish Biology, 1983, 22(2): 153-157.

[101] JOHANSEN S J S, JOBLING M. The influence of feeding regime on growth and slaughter traits of cage-reared Atlantic salmon [J]. Aquaculture International, 1998, 6(1): 1-17.

[102] JONASSEN T M, IMSLAND A K, KADOWAKI S, ET AL. Interaction of temperature and photoperiod on growth of Atlantic halibut *Hippoglossus hippoglossus* L. [J]. Aquaculture Research, 2000, 31(2): 219-227.

[103] JONES D A, KAMARUDIN M, LE VAY L. The potential for replacement of live feeds in larval culture [J]. Journal of the World Aquaculture Society, 1993, 24(2): 199-210.

[104] JØRGENSEN E H, CHRISTIANSEN J S, JOBLING M. Effects of stocking density on food intake,

growth performance and oxygen consumption in Arctic charr (*Salvelinus alpinus*) [J]. Aquaculture, 1993, 110(2): 191-204.

[105] JØRGENSEN E H, JOBLING M. Feeding behaviour and effect of feeding regime on growth of Atlantic salmon, *Salmo salar* [J]. Aquaculture, 1992, 101(1): 135-146.

[106] JUELL J E. The behaviour of Atlantic salmon in relation to efficient cage-rearing [J]. Reviews in Fish Biology and Fisheries, 1995, 5(3): 320-335.

[107] JUNGWIRTH M. Ovulation inducement in prespawning adult Danube salmon (*Hucho hucho*, L.) by injection of acetone-dried carp pituitary (CP) [J]. Aquaculture, 1979, 17(2): 129-135.

[108] JUNGWIRTH M. Some notes to the farming and conservation of the Danube salmon (*Hucho hucho*) [J]. Environmental Biology of Fishes, 1978, 3(2): 231-234.

[109] KADRI S, METCALFE N B, HUNTINGFORD F A, ET AL. Daily feeding rhythms in Atlantic salmon II: size-related variation in feeding patterns of post-smolts under constant environmental conditions [J]. Journal of Fish Biology, 1997, 50(2): 273-279.

[110] KAPSIMALI M, BARLOW L A. Developing a sense of taste [C]. Seminars in Cell and Developmental Biology. Academic Press, 2013, 24(3): 200-209.

[111] KASUMYAN A O, DÖVING K B. Taste preferences in fishes [J]. Fish and Fisheries, 2003, 4(4): 289-347.

[112] KAUSHIK S J. Feed allowance and feeding practices [J]. Cahiers Options Mediterraneennes, 2000, 47: 53-59.

[113] KAWAMURA G, ISHIDA K. Changes in sense organ morphology and behaviour with growth in the flounder *Paralichthys olivaceus* [J]. Bulletin of the Japanese Society of Scientific Fisheries (Japan), 1985, 51: 155-165.

[114] KAYANO Y, YAO S, YAMAMOTO S, ET AL. Effects of feeding frequency on the growth and body constituents of young red-spotted grouper [J]. Aquaculture, 1993, 110: 271-278.

[115] KESTEMONT P, XUELIANG X, HAMZA N, ET AL. Effect of weaning age and diet on pikeperch larviculture [J]. Aquaculture, 2007, 264(1): 197-204.

[116] KHAN M A, AHMED I, ABIDI S F. Effect of ration size on growth, conversion efficiency and body composition of fingerling mrigal, *Cirrhinus mrigala* (Hamilton) [J]. Aquaculture Nutrition, 2004, 10(1): 47-53.

[117] KHANNA S S. The structure and distribution of the taste buds and the mucus secreting cells in the buccopharynx of some Indian teleosts (Pisces) [J]. Studies DSB Government College, Nainital, India, 1968, 5: 143-148.

[118] KIESSLING A, PICKOVA J, EALES J G, ET AL. Age, ration level, and exercise affect the fatty acid profile of chinook salmon (*Oncorhynchus tshawytscha*) muscle differently [J]. Aquaculture, 2005, 243(1): 345-356.

[119] KIKUCHI K, IZAIKE Y, NOGUCHI J, ET AL. Decrease of histone H1 kinase activity in relation to parthenogenetic activation of pig follicular oocytes matured and aged in vitro [J]. Journal of Reproduction and Fertility, 1995, 105(2): 325-330.

[120] KIM K D, KANG Y J, KIM K W, ET AL. Effects of feeding rate on growth and body composition

of juvenile flounder, *Paralichthys olivaceus* [J]. Journal of the World Aquaculture Society, 2007, 38(1): 169-173.

[121] KIM M K, LOVELL RT. Effect of restricted feeding regimens on compensatory weight gain and body tissue changes in channel catfish *Ictalurus punctatus* in ponds [J]. Aquaculture, 1995, 135: 285-293.

[122] KITCHELL J F, STEWART D J, WEININGER D. Application of bioenergetics model to yellow perch and walleye [J]. Journal of the Fisheries Research Board of Canada, 1977, 34: 1922-1935.

[123] KJRSVIK E, VAN DER MEEREN T, KRYVI H, ET AL. Early development of the digestive tract of cod larvae, *Gadus morhua* L., during startfeeding and starvation[J]. Journal of Fish Biology, 1991, 38: 1-15.

[124] KOLKOVSKI S, ARIELI A, TANDLER A. Visual and chemical cues stimulate microdiet ingestion in sea bream larvae [J]. Aquaculture International, 1997, 5(6): 527-536.

[125] KOO J G, KIM S G, JEE J H, ET AL. Effects of ammonia and nitrite on survival, growth and moulting in juvenile tiger crab [J]. Aquaculture Research, 2005, 36: 79-85.

[126] KUANG Y Y, TONG G X, XU W, ET AL. Analysis of genetic diversity in the endangered *Hucho taimen* from China [J]. Acta Ecologica Sinica, 2009, 29(2): 92-97.

[127] KULCZYKOWSKA E, SÁNCHEZ-VÁZQUEZ F J. Neurohormonal regulation of feed intake and response to nutrients in fish: aspects of feeding rhythm and stress [J]. Aquaculture Research, 2010, 41(5): 654-667.

[128] LAWRENCE C, BEST J, JAMES A, ET AL. The effects of feeding frequency on growth and reproduction in zebrafish (*Danio rerio*) [J]. Aquaculture, 2012, 368: 103-108.

[129] LEE J Y, YOO C, JUN S Y, ET AL. Comparison of several methods for effective lipid extraction from microalgae [J]. Bioresource Technology, 2010, 101(1): 75-77.

[130] LEE S M, HWANG U G, CHO S H. Effects of feeding frequency and dietary moisture conten on growth, body composition and gastric evacation of juvenile Korean rockfish [J]. Aquaculture, 2000, 187: 399-409.

[131] LEE S M, HWANG U G, CHO S H. Effects of feeding frequency and dietary moisture content on growth, body composition and gastric evacuation of juvenile Korean rockfish (*Sebastes schlegeli*). Aquaculture, 2000, 187: 399-409.

[132] LEWIS-MCCREA L M, LALL S P. Effects of moderately oxidized dietary lipid and the role of vitamin E on the development of skeletal abnormalities in juvenile Atlantic halibut (*Hippoglossus hippoglossus*) [J]. Aquaculture, 2007, 262(1): 142-155.

[133] LIU F G, LIAO I C. Effect of feeding regimen on the food consumption, growth, and body composition in hybrid striped bass *Morone saxatilis* × *M. chrysops* [J]. Fisheries Science, 1999, 65(4): 513-519.

[134] LJUNGGREN L, STAFFAN F, FALK S, ET AL. Weaning of juvenile pikeperch, *Stizostedion lucioperca* L., and perch, *Perca fluviatilis* L., to formulated feed [J]. Aquaculture Research, 2003, 34(4): 281-287.

[135] LUO Y, XIE X. Specific dynamic action in two body size groups of the southern catfish (*Silurus*

meridionalis) fed diets differing in carbohydrate and lipid contents [J]. Fish Physiology and Biochemistry, 2008, 34(4): 465-471.

[136] MA X, LIN Y, JIANG Z, ET AL. Dietary arginine supplementation enhances antioxidative capacity and improves meat quality of finishing pigs [J]. Amino acids, 2010, 38(1): 95-102.

[137] MACCRIMMON H R, TWONGO T K. Ontogeny of feeding behaviour in hatchery-reared rainbow trout, *Salmo gairdneri* Richardson [J]. Canadian Journal of Zoology, 1980, 58(1): 20-26.

[138] MACLEOD M G. Effects of salinity and starvation on the alimentary canal anatomy of the rainbow trout *Salmo gairdneri* Richardson [J]. Journal of Fish Biology, 1978, 12: 71-79.

[139] MALLEKH R, LAGARDERE J P, ANRAS M L B, ET AL. Variability in appetite of turbot, *Scophthalmus maximus* under intensive rearing conditions: the role of environmental factors [J]. Aquaculture, 1998, 165(1): 123-138.

[140] MARINHO G, PERES H, CARVALHO A P. Effect of feeding time on dietary protein utilization and growth of juvenile Senegalese sole (*Solea senegalensis*) [J]. Aquaculture Research, 2014, 45(5): 828-833.

[141] MATVEYEV A N, PRONIN N M, SAMUSENOK V P, ET AL. Ecology of Siberian taimen *Hucho taimen* in the lake Baikal basin [J]. Journal of Great Lakes Research. 1998, 24(4): 905-916.

[142] MCCUE M D. Starvation physiology: reviewing the different strategies animals use to survive a common challenge [J]. Comparative Biochemistry and Physiology Part A: Molecular and Integrative Physiology, 2010, 156(1): 1-18.

[143] MICALE V, GARAFFO M, GENOVESE L, ET AL. The ontogeny of the alimentary tract during larval development in common pandora *Pagellus erythrinus* L. [J]. Aquaculture, 2006, 251(2): 354-365.

[144] MIGLAVS I, JOBLING M. Effects of feeding regime on food consumption, growth rates and tissue nucleic acids in juvenile Arctic charr, *Saluelinus alpinus*, with particular respect to compensatory growth[J]. Journal of Fish Biology, 1989, 34: 947-957.

[145] MIHELAKAKIS A, YOSHIMATSU T, TSOLKAS C. Effects of feeding rate on growth, feed utilization and body composition of red porgy fingerlings: preliminary results [J]. Aquaculture International, 2002, 9(3): 237-245.

[146] MOON T W, FOSTER G D. Tissue carbohydrate metabolism, gluconeogenesis and hormonal and environmental influences [J]. Biochemistry and Molecular Biology of Fishes, 1995, 4: 65-100.

[147] MUKAI Y, TUZAN A D, LIM L S, ET AL. Development of sensory organs in larvae of African catfish *Clarias gariepinus* [J]. Journal of Fish Biology, 2008, 73(7): 1648-1661.

[148] MURASHITA K, FUKADA H, RØNNESTAD I, ET AL. Nutrient control of release of pancreatic enzymes in yellowtail (*Seriola quinqueradiata*): Involvement of CCK and PY in the regulatory loop [J]. Comparative Biochemistry and Physiology Part A: Molecular and Integrative Physiology, 2008, 150(4): 438-443.

[149] NAFISI B M, SOLTANI M. Effect dietary energy levels and feeding rates on growth and body composition of fingerling rainbow trout (*Oncorhynchus mykiss*) [J]. 2008, 171-186.

[150] NARNAWARE Y K, PETER R E. Neuropeptide Y stimulates food consumption through multiple

receptors in goldfish [J]. Physiology and Behavior, 2001, 74(1): 185-190.

[151] NARNAWARE Y K, PEYON P P, LIN X, ET AL. Regulation of food intake by neuropeptide Y in goldfish [J]. American Journal of Physiology-Regulatory, Integrative and Comparative Physiology, 2000, 279(3): 1025-1034.

[152] NG W K, LU K S, HASHIM R, ET AL. Effects of feeding rate on growth, feed utilizationand body composition of a tropical bagrid catfish [J]. Aquaculture International, 2000, 8(1): 19-29.

[153] NIKKI J, PIRHONEN J, JOBLING M, ET AL. Compensatory growth in juvenile rainbow trout, *Oncorhynchus mykiss* (Walbaum), held individually [J]. Aquaculture, 2004, 235:285-296.

[154] NOVAK C M, JIANG X, WANG C, ET AL. Caloric restriction and physical activity in zebrafish (*Danio rerio*) [J]. Neuroscience Letters, 2005, 383(1): 99-104.

[155] NRC. Nutrient requirements of fish and shrimp [M]. National Academic Press, Washington, D.C., 2011, 326-333.

[156] OKORIE O E, BAE J Y, KIM K W, ET AL. Optimum feeding rates in juvenile olive flounder, *Paralichthys olivaceus*, at the optimum rearing temperature [J]. Aquaculture Nutrition, 2013, 19(3): 267-277.

[157] PAUL A J, PAUL J M, SMITH R L. Compensatory growth in Alaska yellow sole, *Pleuronectes asper*, following food deprivation [J]. Journal of Fish Biology, 1995, 46: 442-448.

[158] PEDERSEN T, JOBLING M. Growth rates of large, sexually mature cod *Gadus morhua*, in relation to condition and temperature during an annual cycle [J]. Aquaculture, 1989, 81(2): 161-168.

[159] PENA R, DUMAS S. Effect of delayed first feeding on development and feeding ability of *Paralabrax maculatofasciatus* larvae [J]. Journal of Fish Biology, 2005, 67: 640-651.

[160] PERSON-LE RUYET J, MAHE K, LE BAYON N, ET AL. Effects of temperature on growth and metabolism in a Mediterranean population of European sea bass, *Dicentrarchus labrax* [J]. Aquaculture, 2004, 237(1): 269-280.

[161] PETER R E, MARCHANT T A. The endocrinology of growth in carp and related species [J]. Aquaculture, 1995, 129(1): 299-321.

[162] Plaut I. Critical swimming speed: Its ecological relevance [J]. Comparative Biochemistry and Physiology Part A: Molecular and Integrative Physiology, 2001, 131: 41-45.

[163] PRONIN N M. About changes in the status of rare and disappearing salmonid fish species in the red book of Buryatia republic [C]. Second International Symposium on Ecology and Fishery Biodiversity in Large Rivers of Northeast Asia and Western North America: 2006, 26.

[164] PUVANENDRAN V, BOYCE D L, BROWN J A. Food ration requirements of 0^+ yellowtail flounder *Limanda ferruginea* (Storer) juveniles [J]. Aquaculture, 2003, 220(1): 459-475.

[165] PUVANENDRAN V, BROWN J A. Foraging, growth and survival of Atlantic cod larvae reared in different light intensities and photoperiods[J]. Aquaculture, 2002, 214(1/4): 131-151.

[166] QIN J, FAST A W, DEANDA D, ET AL. Growth and survival of larval snakehead (*Channa striatus*) fed different diets [J]. Aquaculture, 1997, 148(2): 105-113.

[167] QUINTON J C, BLAKE R W. The effect of feed cycling and rat ion level on the compensatory

growth response in rainbow trout, *Oncorhynchus mykiss* [J]. Journal of Fish Biology, 1990, 37: 33-41.

[168] REIMERS E, KJORREFJORD A G, STAVOSTRAND S M. Compensatory growth and reduced maturation in second sea winter farmed Atlantic salmon following starvation in February and March[J]. Journal of Fish Biology, 1993, 43:805-810.

[169] REMEN M, IMSLAND A K, STEFANSSON S O, ET AL. Interactive effects of ammonia and oxygen on growth and physiological status of juvenile Atlantic cod [J]. Aquaculture, 2008, 274: 292-299.

[170] REUTTER K, WITT M, KNUTSEN J A, ET AL. Taste bud development in turbot larvae (Teleostei) [C]. Chemical Senses. Walton St Journals Dept, Oxford, England Ox2 6dp: Oxford University Press United Kingdom, 1995, 20(6): 243-243.

[171] REUTTER K. Taste organ in the bullhead (Teleostei) [J]. Advances in Anatomy, Embryology, and Cell Biology, 1977, 55(1): 3-94.

[172] RICHE M, HALEY D I, OETKER M, ET AL. Effect of feeding frequency on gastric evacuation and the return of appetite in tilapia *Oreochromis niloticus* (L.) [J]. Aquaculture, 2004, 234: 657-673.

[173] ROBINSON C J, PITCHER T J. The influence of hunger and ration level on shoal density, polarization and swimming speed of herring, *Clupea harengus* L. [J]. Journal of Fish Biology, 1989, 34: 631-633.

[174] RONDAN M, HERNÁNDEZ M D, EGEA M, ET AL. Effect of feeding rate on fatty acid composition of sharpsnout seabream (*Diplodus puntazzo*) [J]. Aquaculture Nutrition, 2004, 10(5): 301-307.

[175] RØNNESTAD I, THORSEN A, FINN R N. Fish larval nutrition: a review of recent advances in the roles of amino acids [J]. Aquaculture, 1999, 177(1): 201-216.

[176] RØNNESTAD I, YÚFERA M, UEBERSCHÄR B, ET AL. Feeding behaviour and digestive physiology in larval fish: current knowledge, and gaps and bottlenecks in research [J]. Reviews in Aquaculture, 2013, 5(s1): 59-98.

[177] ROSENLUND G, STOSS J, TALBOT C. Co-feeding marine fish larvae with inert and live diets [J]. Aquaculture, 1997, 155(1): 183-191.

[178] ROSS L G, MCKINNEY R W, CARDWELL S K, ET AL. The effects of dietary protein content, lipid content and ration level on oxygen consumption and specific dynamic action in *Oreochromis niloticus* L [J]. Comparative Biochemistry and Physiology Part A: Physiology, 1992, 103(3): 573-578.

[179] RUIBAL C, SOENGAS J, ALDEGUNDE M. Brain serotonin and the control of food intake in rainbow trout (*Oncorhynchus mykiss*): effects of changes in plasma glucose levels [J]. Journal of Comparative Physiology A, 2002, 188(6): 479-484.

[180] RUOHONEN K, BIELMA J, GROVE D J. Effects of feeding frequency on growth and food utilization of rainbow trout fed low fat herring or dry pellets [J]. Aquaculture, 1998, 165: 111-121.

[181] RUOHONEN K, VIELMA J, GROVE D J. Effects of feeding frequency on growth and food utilisation of rainbow trout *Oncorhynchus mykiss* fed low-fat herring or dry pellets [J]. Aquaculture, 1998, 165: 111-121.

[182] RUSSELL D F, WILKENS L A, MOSS F. Use of behavioural stochastic resonance by paddle fish for feeding [J]. Nature, 1999, 402(6759): 291-294.

[183] RUSSELL N R, FISH J D, WOOTTON R J. Feeding and growth of juvenile sea bass: the effect of ration and temperature on growth rate and efficiency [J]. Journal of Fish Biology, 1996, 49(2): 206-220.

[184] RYAN S G, SMITH B K, COLLINS R O, ET AL. Evaluation of weaning strategies for intensively reared Australian freshwater fish, Murray cod, *Maccullochella peelii peelii* [J]. Journal of the World Aquaculture Society, 2007, 38(4): 527-535.

[185] SAINT-PAUL U, SOARES M G M. Diurnal distribution and behavioral responses of fishes to extreme hypoxia in an Amazon floodplain lake [J]. Environmental Biology of Fishes, 1987, 20(2): 91-104.

[186] SAVITZ J. Effects of temperature and body weight on endogenous nitrogen excretion in the bluegill sunfish (*Lepomis macrochirus*) [J]. Journal of the Fisheries Board of Canada, 1969, 26(7): 1813-1821.

[187] SEVGILI H, HOSSU B, EMRE Y, ET AL. Compensatory growth after various levels of dietary protein restriction in rainbow trout, *Oncorhynchus mykiss* [J]. Aquaculture, 2012, (344-349):126-134.

[188] SHIMAKURA S I, MIURA T, MARUYAMA K, ET AL. α-Melanocyte-stimulating hormone mediates melanin-concentrating hormone-induced anorexigenic action in goldfish [J]. Hormones and Behavior, 2008, 53(2): 323-328.

[189] SHIRI HARZEVILI A, DE CHARLEROY D, AUWERX J, ET AL. Larval rearing of burbot (*Lota lota* L.) using *Brachionus calyciflorus* rotifer as starter food [J]. Journal of Applied Ichthyology, 2003, 19(2): 84-87.

[190] SILVERSTEIN J T, BREININGER J, BASKIN D G, ET AL. Neuropeptide Y-like gene expression in the salmon brain increases with fasting [J]. General and Comparative Endocrinology, 1998, 110(2): 157-165.

[191] SILVERSTEIN J T, WOLTERS W R, HOLLAND M. Evidence of differences in growth and food intake regulation in different genetic strains of channel catfish [J]. Journal of Fish Biology, 1999, 54(3): 607-615.

[192] SINGH R P, SRIVASTAVA A K. Effect of different ration levels on the growth and the gross conversion efficiency in a siluroid catfish, *Heteropneustes fossilis* [J]. Bulletin of the Institute of Zoology Academia Sinica, 1985, 24(1): 69-74.

[193] SKALIN B. Technology of keeping the population of the Danube salmon (*Hucho hucho* Linnaeus, 1758) in the rivers of Slovenia [J]. Poljoprivredna Znanstvena Smotra, 1983, 63: 619-634.

[194] SÖNMEZ M, TÜRK G, YÜCE A. The effect of ascorbic acid supplementation on sperm quality, lipid peroxidation and testosterone levels of male Wistar rats [J]. Theriogenology, 2005, 63(7): 2063-2072.

[195] SPIELER R E, NOESKE T A. Effects of photoperiod and feeding schedule on diel variations of locomotor activity, cortisol, and thyroxine in goldfish [J]. Transactions of the American Fisheries Society, 1984, 113(4): 528-539.

[196] SRIVASTAVA R K, BRUWN J A, ALLEN J. The influence of wave frequency and wave height on the behaviour of rainbow trout (*Oncorhynchus mykiss*) in cages [J]. Aquaculture, 1991, 97(2): 143-153.

[197] SUN L, CHEN H, HUANG L. Effect of temperature on growth and energy budget of juvenile cobia (*Rachycentron canadum*) [J]. Aquaculture, 2006, 261(3): 872-878.

[198] SUN L, CHEN H. Effects of water temperature and fish size on growth and bioenergetics of cobia (*Rachycentron canadum*) [J]. Aquaculture, 2014, 426: 172-180.

[199] SUZER C, ÇOBAN D, KAMACI H O, ET AL. Lactobacillus spp. bacteria as probiotics in gilthead sea bream (*Sparus aurata*, L.) larvae: effects on growth performance and digestive enzyme activities [J]. Aquaculture, 2008, 280(1): 140-145.

[200] TOTLAND G K, KRYVI H, JØDESTØl K A, ET AL. Growth and composition of the swimming muscle of adult Atlantic salmon (*Salmo salar* L.) during long-term sustained swimming [J]. Aquaculture, 1987, 66(3): 299-313.

[201] TSENG K F, SU H M, SU M S. Culture of Penaeus monodon in a recirculating system [J]. Aquacultural Engineering, 1998, 17(2): 138-147.

[202] TSEVIS N, KLAOUDATOS S, CONIDES A. Food conversion budget in sea bass, *Dicentrarchus labrax*, a fingerlings under two different feeding frequency pattern [J]. Aquaculture, 1992, 101(3): 293-304.

[203] TWONGO T K, MACCRIMMON H R. Histogenesis of the oropharyngeal and oesophageal mucosa as related to early feeding in rainbow trout, *Salmo gairdneri* Richardson [J]. Canadian Journal of Zoology, 1977, 55(1): 116-128.

[204] UNNIAPPAN S, CANOSA L F, PETER R E. Orexigenic actions of ghrelin in goldfish: feeding-induced changes in brain and gut mRNA expression and serum levels, and responses to central and peripheral injections [J]. Neuroendocrinology, 2004, 79(2): 100-108.

[205] UNNIAPPAN S, PETER R E. Structure, distribution and physiological functions of ghrelin in fish [J]. Comparative Biochemistry and Physiology Part A: Molecular and Integrative Physiology, 2005, 140(4): 396-408.

[206] VAN HAM E H, BERNTSSEN M H G, IMSLAND A K, ET AL. The influence of temperature and ration on growth, feed conversion, body composition and nutrient retention of juvenile turbot (*Scophthalmus maximus*) [J]. Aquaculture, 2003, 217(1): 547-558.

[207] VOLKOFF H, CANOSA L F, UNNIAPPAN S, ET AL. Neuropeptides and the control of food intake in fish [J]. General and Comparative Endocrinology, 2005, 142(1): 3-19.

[208] VOLKOFF H. The role of neuropeptide Y, orexins, cocaine and amphetamine-related transcript, cholecystokinin, amylin and leptin in the regulation of feeding in fish [J]. Comparative Biochemistry and Physiology Part A: Molecular and Integrative Physiology, 2006, 144(3): 325-331.

[209] WANG N, HAYWARD R S, NOLTIE D B. Effect of feeding frequency on food consumption, growth, size variation, and feeding pattern of age-0 hybrid sunfish [J]. Aquaculture, 1998, 165: 261-267.

[210] WANG Y, KONG L J, LI K, ET AL. Effects of feeding frequency and ration level on growth, feed utilization and nitrogen waste output of cuneate drum (*Nibea miichthioides*) reared in net pens [J].

Aquaculture, 2007, 271: 350-356.

[211] WATTS M, MUNDAY B L, BURKE C M. Immune responses of teleost fish [J]. Australian Veterinary Journal, 2001, 79(8): 570-574.

[212] WILLIAMS J L, CARTLAND D, HUSSAIN A, ET AL. A differential role for nitric oxide in two forms of physiological angiogenesis in mouse [J]. The Journal of Physiology, 2006, 570(3): 445-454.

[213] WURTSBAUGH W A, CECH JR J J. Growth and activity of juvenile mosquitofish: temperature and ration effects [J]. Transactions of the American Fisheries Society, 1983, 112(5): 653-660.

[214] XIE F, AI Q, MAI K, ET AL. The optimal feeding frequency of large yellow croaker (*Pseudosciaena crocea*, Richardson) larvae [J]. Aquaculture, 2011, 311(1): 162-167.

[215] XIE S, CUI Y, YANG Y, LIU J. Energy budget of Nile tilapia in relation to ration size [J]. Aquaculture, 1997, 157: 57-68.

[216] XIE X J, SUN R. The bioenergetics of the southern catfish (*Silurus meridionalis* Chen): Growth rate as a function of ration level, body weight, and temperature [J]. Journal of Fish Biology, 1992, 40(5): 719-730.

[217] YAN X W, ZHANG G F, YANG F. Effects of diet, stocking density, and environmental factors on growth, survival, and metamorphosis of Manila clam *Ruditapes philippinarum* larvae [J]. Aquaculture, 2006, 253(1): 350-358.

[218] YAO S J, UMINO T, NAKAGAWA H. Effect of feeding frequency on lipid accumulation in ayu [J]. Fisheries Science, 1994, 60(6): 667-671.

[219] YUFERA, PASCULA E, PPLO A, ET AL. Effect of starvation on the feeding ability of giltead seabream (*Sparus auratc* L.) larvae at first feeding [J]. Journal of Experimental Marine Biology and Ecology, 1993, 169: 259-272.

[220] ZHOU Q C, LIU Y J, MAI K S, ET AL. Effect of dietary phosphorus levels on growth, body composition, muscle and bone mineral concentrations for orange-spotted grouper *Epinephelus coioides* reared in floating cages [J]. Journal of the World Aquaculture Society, 2004, 35(4): 427-435.

[221] ZOCCARATO I, GASCO L, LEVERONI CALVI S, ET AL. Effect of feeding frequency on performances and water output quality in rainbow trout farming [J]. Rivista Italiana di Acquacoltura, 1984, 29: 85-97.

[222] 鲍宝龙，苏锦祥，殷名称．延迟投饵对真鲷、牙鲆仔鱼早期阶段摄食、存活及生长的影响[J]. 水产学报, 1998, 22(1): 33-37.

[223] 曹伏君，郭良珍．大弹涂鱼窒息点及昼夜代谢规律[J]. 海洋与湖沼, 2011, 42(6): 759-763.

[224] 曹亮，于鑫，刘金虎，等．温度、光照及仔鱼个体大小对稚海蜇捕食褐牙鲆仔鱼的影响[J]. 海洋与湖沼, 2012, 43(3): 520-526.

[225] 陈瑗，周玫．自由基医学[M]. 北京：人民军医出版社, 1991.

[226] 陈勇，高峰，刘国山，等．温度、盐度和光照周期对刺参生长及行为的影响[J]. 水产学报, 2007, 31(5): 687-691.

[227] 崔超，禹娜，龙丽娜，等. 投饲频率对俄罗斯鲟幼鱼生长，消化酶活力和氨氮排泄的影响[J]. 海洋渔业, 2014, 36(1): 35.

[228] 崔喜顺，周长海，李国芳. 乌苏里江下游海青江段哲罗鲑渔业生物学研究[J]. 黑龙江水产, 2004, 2: 43-45.

[229] 崔奕波，陈少莲，王少梅. 温度对草鱼能量收支的影响[J]. 海洋与湖沼, 1995, 26(2): 169-174.

[230] 崔奕波. 鱼类生物能量学的理论与方法[J]. 水生生物学报, 1989 (4): 369-383.

[231] 单保党，何大仁. 黑鲷化学感觉发育和摄食关系[J]. 厦门大学学报：自然科学版, 1995, 34(5): 835-839.

[232] 董崇智，李怀明，赵春刚，等. 濒危名贵哲罗鲑保护生物学的研究 I. 哲罗鲑分布区域及其变化[J]. 水产学杂志, 1998, 1: 65-70.

[233] 董崇智，李怀明，赵春刚. 哲罗鱼性状及生态学资料[J]. 水产学杂志, 1998, 11(2): 34-39.

[234] 董嵩智，李怀名. 濒危名贵哲罗鱼保护生物学的研究[J]. 水产学杂志, 1998, 11(2)：34-45.

[235] 杜海明. 投喂策略对鳡幼鱼摄食，生长及营养成分的影响[D]. 华中农业大学, 2007.

[236] 杜利强，安瑞永，李同庆，等. 低蛋白水平下脂肪含量对施氏鲟摄食生长的研究[J]. 河北渔业, 2007, 9: 15-17.

[237] 范兆廷，姜作发，韩英，等. 冷水性鱼类养殖学[M]. 北京：中国农业出版社, 2008.

[238] 房景辉. 半滑舌鳎对温度和营养胁迫的生长响应及其生理生态学机制[D]. 中国海洋大学, 2010.

[239] 高露姣，陈立侨，宋兵等. 饥饿对杂交鲟消化系统发育的影响[J]. 上海水产大学学报，2006,15(4)：442-447.

[240] 高露姣，黄艳青，夏连军，等. 不同养殖模式下红鳍东方鲀的品质比较[J]. 水产学报, 2011, 35(11): 1668-1676.

[241] 关海红，匡友谊，尹家胜. 哲罗鲑消化系统发生发育组织学观察[J]. 动物学杂志, 2007, 42(2): 116-123.

[242] 韩冬. 长吻鮠投喂管理和污染评估动态模型的研究[D]. 中国科学院研究生院(水生生物研究所), 2005.

[243] 何吉祥，崔凯，徐晓英，等. 投喂频率对异育银鲫高糖，高脂饲料利用的影响[J]. 动物营养学报, 2014, 26(6): 1698-1705.

[244] 洪兴. 哲罗鲑在呼玛河自然保护区的分布及变化[J]. 黑龙江水产, 2003, 97: 34.

[245] 黄鹤忠，王永强，程建新，等. 太湖中华绒螯蟹养殖模式优化及其生态环境效应研究[J]. 海洋与湖沼, 2006, 37(5): 430-436.

[246] 黄晓荣，庄平，章龙珍，等. 延迟投饵对施氏鲟仔鱼摄食、存活及生长的影响[J]. 生态学杂志, 2007, 26(1): 73-77.

[247] 姜志强，贾泽梅，韩延波. 美国红鱼继饥饿后的补偿生长及其机制[J]. 水产学报, 2002, 26(1):

67-72.

[248] 姜作发，唐富江，尹家胜，等．乌苏里江上游虎头江段哲罗鲑种群结构及生长特性[J]．东北林业大学学报, 2004, 33(4): 53-55.

[249] 姜作发，尹家胜，徐伟，等．人工养殖条件下哲罗鲑生长的初步研究[J].水产学报，2003，27(6): 590-594.

[250] 匡友谊，佟广香，徐伟，等．黑龙江流域哲罗鲑的遗传结构分析[J]．中国水产科学，2010, 17(6): 1208-1217.

[251] 乐佩琦，陈宜瑜．中国濒危动物(鱼类)红皮书[M]．北京：科学出版社, 1998.

[252] 李城华，尤锋，黄瑞东，等．黄海黑鲷仔鱼耳石的日轮以及光照对其形成的影响[J]．海洋与湖沼, 1993, 24(5): 511-514.

[253] 李大鹏，庄平，严安生，等．光照、水流和养殖密度对施氏鲟稚鱼摄食、行为和生长的影响[J]. 水产学报, 2004, 28(1): 54-61.

[254] 李滑滑，吴立新，姜志强，等．摄食水平和投喂频率对大菱鲆幼鱼生长及生化成分的影响[J]．生态学杂志, 2013, 32(7): 1844-1849.

[255] 李霞，姜志强，谭晓珍，等．饥饿和再投喂对美国红鱼消化器官组织学的影响[J]．中国水产科学, 2002, 9(3): 211-215.

[256] 梁利群，常玉梅，董崇智．等 .微卫星DNA标记对乌苏里江哲罗鲑遗传多样性分析[J].水产学报, 2004, 28(3): 241-245.

[257] 梁旭方，何大仁．鱼类摄食行为的感觉基础[J]．水生生物学报, 1998, 22(3): 278-284.

[258] 凌去非，李思发，乔德亮，等．胚胎发育和卵黄囊仔鱼摄食研究[J]．水产学报，2003，27(1): 43-48.

[259] 刘家寿．鳜和乌鳢幼鱼生长及能量收支的比较研究[D]．中国科学院博士学位论文, 1998.

[260] 刘建康．高级水生生物学[M]．北京：科学出版社, 1999, 284-286.

[261] 刘璐，吴立新，张伟光，等．饥饿及再投喂对日本囊对虾糖代谢的影响[J]．应用生态学报, 2007, 18(3): 697-700.

[262] 刘兴旺，艾庆辉，麦康森，等．大豆浓缩蛋白替代鱼粉对大菱鲆摄食, 生长及体组成的影响[J]．水产学报, 2014, 38(1): 91-98.

[263] 刘姚．泥鳅投喂策略研究[D]．西北农林科技大学, 2011.

[264] 刘勇．蛋白质对幼建鲤生长性能、消化功能和蛋白质代谢的影响[D]．四川农业大学, 2008.

[265] 马爱军，王新安，周洲．半滑舌鳎摄食机理及营养策略[J]．渔业科学进展, 2009, 30(4): 124-130.

[266] 马旭洲，王武，甘炼，等．延迟投饵对瓦氏黄颡鱼仔鱼存活、摄食和生长的影响[J]．水产学报, 2006, 30(3): 223-238.

[267] 彭树锋，王云新，叶富良，等．体重对斜带石斑鱼能量收支的影响[J]．水生生物学报，2008，32(6):

934-940.

[268] 秦媛媛, 宋秀贤, 曹西华, 等. 光照和盐度对海水介质中磷化氢转化的影响[J]. 海洋与湖沼, 2011, 42(4): 482-487.

[269] 秦志清, 林越赳, 张雅芝, 等. 光照对漠斑牙鲆仔鱼摄食、生长与存活的影响[J]. 集美大学学报(自然科学版), 2009, 14(3): 14-18.

[270] 邱炜韬. 温度对倒刺鲃幼鱼能量收支的影响[D]. 广州: 暨南大学, 2004.

[271] 任慕莲, 郭焱, 张秀善, 等. 中国额尔齐斯河鱼类资源及渔业[M]. 乌鲁木齐: 新疆科技卫生出版社, 2002, 58-63.

[272] 沈文英, 林浩然, 张为民. 饥饿和再投喂对草鱼鱼种生物化学组成的影响[J]. 动物学报, 1999 ,45 (4): 404 -412.

[273] 史会来, 耿智, 楼宝, 等. 黄姑鱼幼鱼继饥饿后补偿生长的研究[J]. 浙江海洋学院学报(自然科学版), 2011, 30(5): 410-415.

[274] 宋兵, 陈立侨, 高露姣, 等. 饥饿对杂交鲟仔鱼摄食、生长和体成分的影响[J]. 水生生物学报, 2004, 28(3): 333-336.

[275] 宋国, 彭士明, 孙鹏, 等. 饥饿与再投喂及投喂频率对条石鲷幼鱼生长和消化酶活力的影响[J]. 中国水产科学, 2011, 18(6): 1269-1277.

[276] 宋天复. 鱼类的化学通讯[J]. 水产学报, 1987, 11(4): 359-371.

[277] 宋昭彬, 何学福. 饥饿对南方鲇仔稚鱼消化系统形态和组织学影响[J]. 水生生物学报, 2000, 24(2): 155-160.

[278] 孙国祥. 大西洋鲑工业化循环水养殖投喂策略研究[D]. 中国科学院研究生院(海洋研究所), 2014.

[279] 孙慧玲, 匡世焕, 方建光, 等. 桑沟湾栉孔扇贝不同养殖方式及适宜养殖水层研究[J]. 中国水产科学, 1996, 4(3): 60-65.

[280] 孙明, 董婧, 王爱勇. 光照强度对白色霞水母(*Cyanea nozakii* Kishinouye)无性繁殖的影响[J]. 海洋与湖沼, 2012, 43(3): 562-567.

[281] 孙耀, 张波, 唐启升. 摄食水平和饵料种类对黑鲷能量收支的影响[J]. 海洋水产研究, 2001(02): 32-37.

[282] 万瑞峰, 李显森, 庄志猛, 等. 鳀鱼仔鱼饥饿试验及不可逆点的研究[J]. 水产学报, 2004, 28(1): 79-83.

[283] 王炳谦, 徐奇友, 徐连伟, 等. 豆油代替鱼油对哲罗鲑稚鱼生长和营养成分的影响[J]. 中国水产科学, 2006, 13(6): 1023-1027.

[284] 王常安. 人工养殖条件下哲罗鱼投喂模式的研究[D]. 东北林业大学, 2015.

[285] 王芳, 张建东, 董双林, 等. 光照强度和光照周期对中国明对虾稚虾生长的影响[J]. 中国海洋大学学报, 2005, 35(5): 768-772.

[286] 王凤，张永泉，尹家胜．川陕哲罗鲑，太门哲罗鲑及石川哲罗鲑的生物学比较[J]．水产学杂志, 2009, 22(1): 59-63.

[287] 王金燕，张颖，尹家胜．温度对哲罗鲑幼鱼生长的影响研究[J]．华北农学报，2004，26(S1): 274-277.

[288] 王珺，丘书院．温度，体重和摄食水平对花尾胡椒鲷幼鱼粪便比能值及吸收率的影响[J]．海洋学报, 2002, 24(3): 142-147.

[289] 王珺，丘书院．温度和体重对花尾胡椒鲷幼鱼最大摄食量的影响[J]．台湾海峡，2000，19(4): 484-488.

[290] 王萍，桂福坤，吴常文，等.光照对眼斑拟石首鱼行为和摄食的影响[J]．南方水产，2009，5(5): 57-62.

[291] 王文．体重对圆口铜鱼代谢能力的影响[D]．西南大学, 2013.

[292] 王武，周锡勋，马旭洲，等．投喂频率对瓦氏黄颡鱼幼鱼生长及蛋白酶活力的影响[J]．上海水产大学学报, 2007, 16(3): 224-229.

[293] 王岩．食物水平和初始体重对杂交罗非鱼生长和个体生长分化的影响[J]．应用生态学报，2003, 14(2):237-240.

[294] 王迎春，苏锦祥，周勤．光照对黄盖鲽仔鱼生长、发育及摄食的影响[J]．水产学报, 1999, 23(1): 6-12.

[295] 王志铮，杨磊，朱卫东．三种养殖模式下日本鳗鲡养成品的形质差异[J]．应用生态学报，2012, 23(5): 1385-1392.

[296] 吴立新，董双林．水产动物继饥饿或营养不足后的补偿生长研究进展[J]．应用生态学报, 2000, 11(6): 943-946.

[297] 夏连军，施兆鸿，陆建学．黄鲷仔鱼饥饿试验及不可逆点的确定[J]．海洋渔业，2004，26(4): 286-290.

[298] 谢从新，熊传喜，周洁，等．不同光照强度下乌蝗幼鱼的摄食强度及动力学[J]．水生生物学报, 1997, 21(3): 214-218.

[299] 谢小军，孙儒泳．南方鲇的排粪量及消化率同日粮水平，体重和温度的关系[J]．海洋与湖沼, 1993, 24(6): 627-633.

[300] 谢小军，孙儒泳．南方鲇的最大摄食率及其与体重和温度的关系[J]．生态学报，1992，12(3): 225-231.

[301] 谢晓军，邓利，张波．饥饿对鱼类生理生态学影响的研究进展[J]．水生生物学报, 1998, 22(2): 181-187.

[302] 徐奇友，王炳谦，徐连伟，等．哲罗鲑稚鱼的蛋白质和脂肪的营养需求量[J]．中国水产科学, 2007, 14(3): 498-500.

[303] 徐奇友，王常安，许红，等．大豆分离蛋白替代鱼粉对哲罗鱼稚鱼生长、体成分和血液生化指

标的影响[J]. 水生生物学报, 2008, 32(6): 941-946.

[304] 徐奇友，王常安，许红，等. 饲料中添加谷氨酰胺二肽对哲罗鲑仔鱼肠道抗氧化活性及消化吸收能力的影响[J]. 中国水产科学, 2010, 17(2): 351-356.

[305] 徐伟，孙慧武，关海红，等. 哲罗鱼全人工繁育的初步研究[J]. 中国水产科学，2007，14(6): 896-902.

[306] 徐伟，尹家胜，姜作发. 哲罗鲑人工繁育技术的初步研究[J]. 中国水产科学，2003，10(1): 29-34.

[307] 徐伟，尹家胜，姜作发. 哲罗鱼人工繁育技术的初步研究[J]. 中国水产科学，2003，10(1): 26-30.

[308] 薛镇宇，黄尚务，阎荣元. 黑龙江流域的细鳞鱼和哲罗鲑及其天然杂交种[J]. 水生生物学集刊, 2005, 2: 215-220.

[309] 闫喜武，姚托，张跃环，等. 冬季饥饿再投喂对菲律宾蛤仔生长、存活和生化组成的影响[J]. 应用生态学报, 2009, 20(12): 3063-3069.

[310] 严正凛，陈建华，吴萍茹，等. 光照强度对九孔鲍幼虫及幼鲍生长存活的影响[J]. 水产学报，2001, 25(4): 336-341.

[311] 杨成辉，韩志忠，刘霞，等. 哲罗鱼继饥饿后的补偿生长及其机制[J]. 淡水渔业，2010，40(4): 33-38.

[312] 杨代勤，陈芳，阮国良，等. 饥饿对黄鳝消化酶活性的影响[J]. 应用生态学报，2007，18(5): 1167- 1170.

[313] 叶富良，张健东. 鱼类生态学[M]. 广州：广东教育出版社, 2002, 64-69.

[314] 殷名称, Craik J C A. 鲱、鲽卵和卵黄囊期仔鱼发育阶段生化成分变化[J]. 海洋与湖沼, 1993, 24(2): 157-165.

[315] 殷名称. 鱼类生态学[M]. 北京：中国农业出版社, 1995.

[316] 殷名称. 鱼类早期生活史阶段的自然死亡[J]. 水生生物学报, 1996, 20(4): 363-372.

[317] 殷名称. 鱼类早期生活史研究与进展[J]. 水产学报, 1991, 15(4): 348-358.

[318] 殷名称. 鱼类早期生命史中的自然死亡[J]. 水生生物学报, 1996, 20(4): 363-372.

[319] 尹家胜，徐伟，曹鼎臣，等. 乌苏里江哲罗鲑的年龄结构、性比和生长[J]. 动物学报, 2003, 49(5): 687-692.

[320] 尹家胜，徐伟，曹鼎臣，等. 乌苏里江哲罗鲑的年龄结构性比和生长[J]. 动物学报，2003，49: 687-692.

[321] 游奎，杨红生，刘鹰，等. 不同光源及光照时间对凡纳滨对虾游离虾青素含量及生长的影响[J]. 海洋与湖沼, 2005, 36(4): 296-301.

[322] 张觉民，李怀明，董崇智，等. 黑龙江省鱼类志[M]. 哈尔滨：黑龙江科学技术出版社，1995, 50-52.

[323] 张磊. 黄颡鱼能量收支及生物能量学最适生长模型的研究[D]. 华中农业大学, 2010.

[324] 张升利, 尤宏争, 杨璞, 等. “饥饿—投喂—……”重复处理对星斑川鲽摄食、生长、生化组成以及能值指标的影响[J]. 饲料工业, 2010, 31(22): 28-33.

[325] 张晓华, 苏锦祥, 殷名称. 不同温度条件对鳜仔鱼摄食和生长发育的影响[J]. 水产学报, 1999, 23(1): 91-94.

[326] 张怡, 曹振东, 付世建. 延迟首次投喂对南方鲇仔鱼身体含能量、体长及游泳能力的影响[J]. 生态学报, 2007, 27(3): 1161-1167.

[327] 张永泉, 刘奕, 尹家胜, 等. 哲罗鱼(*Hucho taimen*)消化系统胚后发育的形态与组织学的研究[J]. 海洋与湖沼, 2010, 41(3): 422-428.

[328] 张永泉, 尹家胜, 杜佳, 等. 哲罗鱼仔鱼饥饿试验及不可逆生长点的确定[J]. 水生生物报, 2009, 33(5): 945-950.

[329] 周玮, 王平, 郭曙光, 等. 软泥底质池塘中两种养殖仿刺参方式的对比试验[J]. 大连水产学院学报, 2009, 24(1): 153-156.

[330] 周小敏, 吴常文, 张元兴. 温度和体重对养殖大黄鱼能量收支的影响[J]. 浙江海洋学院学报: 自然科学版, 2008, 27(3): 291-296.

[331] 周志刚. 利用生物能量学模型建立异育银鲫投喂体系的研究[D]. 中国科学院研究生院（水生生物研究所）, 2000.

[332] 朱晓鸣, 解缓启, 崔奕波. 摄食水平对异育银鲫生长及能量收支的影响[J]. 海洋与湖沼, 2000, 31(5): 271-279.

[333] 朱艺峰, 陈芝丹, 关文静, 等. 鱼类饥饿处理量化及处理因子贡献率的神经网络随机化测试[J]. 应用生态学报, 2008, 19(3): 667-673.